TRAITÉ PRATIQUE

DE

CHIMIE ET DE GÉOLOGIE

AGRICOLES

*

TRAITÉ PRATIQUE

DE

CHIMIE ET DE GÉOLOGIE AGRICOLES

Traduction libre de la onzième Édition des
ELEMENTS OF AGRICULTURAL CHEMISTRY AND GEOLOGY
des Professeurs JOHNSTON et CAMERON

PAR

STANISLAS MEUNIER

Docteur ès-Sciences, Aide-naturaliste de Géologie au Muséum
Lauréat de l'Institut

Ouvrage orné de 200 Vignettes

PARIS
J. ROTHSCHILD, ÉDITEUR
13 RUE DES SAINTS-PÈRES, 13
1880

TRAITÉ PRATIQUE

DE

CHIMIE ET DE GÉOLOGIE

AGRICOLES

CHAPITRE PREMIER.

INTRODUCTION.

But du Fermier. — Le but que se propose le fermier est de tirer, d'une surface donnée de terrain, la plus grande quantité possible de produits, les meilleurs, au moindre prix de revient, dans le plus bref délai et avec le plus faible appauvrissement de son sol. La chimie, la géologie et la physiologie jettent de la lumière sur chacun des pas qu'il fait ou doit faire pour réaliser ce programme.

Il est plusieurs sujets parfaitement précis que ces sciences élucident par leurs rapports avec l'agriculture. Ainsi, elles cherchent :

1° A réunir, à étudier à fond et, s'il est possible, à expliquer tous les faits relatifs à l'économie agricole ;

2° A déduire des expériences et des observations faites dans le laboratoire ou dans les cultures, des principes susceptibles d'une application plus ou moins générale ;

3° A faire découvrir les substances propres à fertiliser le sol ;

4° A analyser les sols, les engrais et les productions végétales ;

5° A expliquer comment les plantes croissent et se nourrissent, et comment les animaux peuvent être entretenus et alimentés avec le moins de dépenses ;

6° A contrôler les opinions théoriques émises par les savants de cabinet.

La suite de cet ouvrage montrera comment, dans chacune de ces directions, la méthode scientifique est capable de conduire aux résultats les plus importants et les plus profitables.

CHAPITRE II.

NOMENCLATURE ET NOTATION CHIMIQUES.

Éléments et Composés. — Toutes les substances, organisées, organiques ou minérales qui entrent dans la constitution des sols sont distinguées par les chimistes en deux grands groupes. L'un d'eux comprend les corps que les procédés chimiques peuvent scinder en un certain nombre d'éléments — on les appelle *corps composés* — et l'autre, ceux qui résistent à toutes les tentatives d'analyse, ce sont les *corps simples* ou *éléments*.

Les Éléments chimiques. — Les éléments ou corps simples, dont la série s'accroît chaque jour par des découvertes nouvelles, sont maintenant au nombre de 66. Ce sont :

L'oxygène,	L'iode,
L'hydrogène,	Le fluor,
L'azote,	Le soufre,
Le chlore,	Le sélénium,
Le brome,	Le tellure,

Le phosphore,
L'arsenic,
Le bore,
Le silicium,
Le carbone,
Le potassium,
Le sodium,
Le rubidium,
Le cæsium,
Le thallium,
L'indium,
Le lithium,
Le calcium,
Le baryum,
Le strontium,
Le magnésium,
Le glucinium,
L'aluminium,
Le gallium,
Le thorium,
Le cérium,
Le lanthane,
Le didyme[1],
L'yttrium,
L'erbium,
Le terbium,
Le philippium,
Le décipium,
Le zirconium,
Le norium,
Le fer,
Le chrome,
Le manganèse.
Le vanadium,
Le tungstène,
Le molybdène,
Le tantale,
Le niobium,
Le titane,
L'antimoine,
L'étain,
L'uranium,
Le cobalt,
Le nickel,
Le zinc,
Le cadmium,
Le cuiver,
Le bismuth,

[1] Il est probable que ce nom de *didyme* représente actuellement un mélange de plusieurs métaux, que les chimistes ne sont pas encore parvenus à séparer.

Le plomb,
Le mercure,
L'argent,
L'or,
Le platine,
Le palladium,
L'iridium,
Le rhodium,
L'osmium,
Le ruthénium.

Symboles chimiques. — Pour la commodité des écritures, on exprime chacun des corps simples par des abréviations, auxquelles on donne le nom de *symboles chimiques*. O signifie oxygène, S soufre, Se sélénium, Si silicium, Sb antimoine (du latin *Stibium*), Sr strontium, Az l'azote, Ag l'argent, Au l'or (du latin *Aurum*), Ga le gallium, Gl le glucinium, etc. L'usage les rend bien vite familiers.

Définition de l'Atome et de la Molécule. — Quel que soit l'état de division auquel on réduise la matière, la pensée peut toujours imaginer une division encore plus grande ; d'un autre côté, on a reconnu que la divisibilité de la matière a des limites et que les actions chimiques s'exercent, non pas entre les particules les plus ténues que l'on puisse obtenir par des moyens mécaniques, mais entre des poids insécables. Ainsi, une partie d'hydrogène s'unit à 35,5 parties de chlore, mais jamais, par exemple, avec 43 ou 51. La plus petite quantité d'un élément qui puisse entrer en combinaison est considérée comme le *poids relatif* de sa plus petite partie divisible ou *atome*.

Le poids relatif d'un atome d'oxygène est 16, de soufre 32, de carbone 12, l'hydrogène étant toujours pris pour unité. Plusieurs atomes d'un élément donné peuvent s'unir avec un ou plusieurs atomes d'un autre ou de plusieurs autres éléments. Ainsi, un atome de carbone se combine avec deux atomes d'oxygène pour donner naissance à l'acide carbonique; deux atomes d'hydrogène, quatre d'oxygène et un de soufre se combinent pour produire l'acide sulfurique.

On admet que la plupart des éléments sont incapables d'exister sous forme d'atomes isolés, de façon que lorsqu'ils ne sont unis avec aucun autre corps, ces atomes se groupent ensemble. Par exemple, dans son état de liberté, l'hydrogène se présente sous forme d'atomes unis par *paires*, et chaque paire d'atome d'hydrogène est ce qu'on nomme une *molécule*. Cette manière de voir, destinée à rendre compte des phénomènes chimiques, est une pure supposition, très-ingénieuse, très-profitable à la science, mais qu'on ne doit jamais accepter comme une vérité démontrée. L'existence même des atomes et des molécules est loin d'être directement prouvée.

Volume moléculaire. — Quoiqu'il y ait une très-grande inégalité dans les poids atomiques des éléments, on constate une remarquable simplicité dans les volumes des corps qui s'unissent chimiquement. Ainsi, nous avons vu qu'une partie d'hydrogène s'unit à 35,5 de chlore. Or il se trouve que ces deux poids si inégaux des deux éléments ont justement le même volume. Ce fait est très-général, et l'on peut dire qu'à peu d'exceptions près le *volume moléculaire* des divers corps est le même. Une molécule d'hydrogène occupe le même volume qu'une molécule de chlore, d'acide chlorhydrique, d'alcool, etc.

Atomicité. — Certains atomes présentent, pour ainsi dire, un plus grand pouvoir de combinaison que les autres. Ainsi, un atome de chlore peut seulement s'unir à un atome d'hydrogène, tandis que c'est avec quatre fois cette quantité d'hydrogène que peut se combiner un atome de carbone. A ce point de vue la puissance du chlore est donc simplement le quart de celle du carbone. En poursuivant des comparaisons de ce genre sur les différents atomes, on arrive à reconnaître que tous les éléments peuvent se répartir en six groupes caractérisés par la puissance relative de leurs atomes. L'hydrogène, le chlore, le potassium, etc., sont dits *monoatomiques;* l'oxygène, le calcium, etc., *diatomiques;* le phosphore, *triatomique;* le platine, *tetratomique;* l'azote est *pentatomique* et le soufre est *hexatomique.*

Quand on a affaire à des corps composés, on constate qu'une molécule d'un acide donné est douée d'un pouvoir de combinaison plus grand que deux ou trois molécules d'un autre acide. Ainsi il faut trois fois autant d'acide azotique que d'acide citrique pour s'unir à une base dans un sel neutre, et deux fois autant que d'acide sulfurique. C'est ce qu'on exprime en disant que l'acide azotique est *monobasique*, l'acide citrique *bibasique* et l'acide sulfurique *tribasique.*

Nomenclature chimique. — Lorsqu'un élément non métallique se combine avec un métal, le composé résultant reçoit un nom de nature à indiquer sa composition. Ainsi, l'oxygène et le fer produisent en s'unissant de l'*oxyde de fer;* l'iode et le plomb, de l'*iodure de plomb;* le soufre et le sodium, du *sulfure de sodium*, et ainsi de suite. Quand les métalloïdes se combinent entre eux, il est d'usage de commencer le nom du produit par celui des constituants qu'on peut considérer comme le plus important, comme par exemple le *chlorure d'iode,* le *sulfure d'hydrogène* (nommé pourtant très-souvent aussi *hydrogène sulfuré*).

Les *acides* sont des composés hydrogénés, qu'on

peut regarder en définitive comme les *sels* des éléments. L'acide sulfurique se présente comme du *sulfate d'hydrogène*, et lorsque celui-ci est enlevé avec un atome d'oxygène (H^2O), ce qui reste est appelé *anhydride sulfurique* (SO^3). La substance bien connue sous le nom d'*acide carbonique* n est réellement pas un acide tant qu'elle n'est pas dissoute dans l'eau. A l'état sec, c'est à proprement parler de l'*anhydride carbonique*. Chaque acide a son anhydride, quoique dans quelques cas les anhydrides n'aient point encore été isolées. L'anhydride sulfurique, combinée avec les oxydes de fer, de calcium, de magnésium, etc., produit les *sulfates* de fer, de chaux, de magnésie, etc. L'anhydride phosphorique et la potasse donnent le phosphate de potasse; l'anhydride azotique et la soude, l'azotate de soude. La table suivante donne les noms des composés les plus usuels; on y a ajouté les formules, mais l'eau de cristallisation qu'ils contiennent quelquefois a été omise parce qu'elle est variable.

Noms populaires.	Noms usuels en chimie	Noms appartenant à la nomenclature nouvelle.	Formules.
Huile de vitriol.	Acide sulfurique.	Sulfate dihydrique.	H^2SO^4
Eau forte	Acide azotique (ou nitr.)	Nitrate hydrique.	$HAzO^6$
Esprit de sel . .	Acide chlorhydrique.	Chlorure hydrique.	HCl
Vinaigre.	Acide acétique	Acétate hydrique.	$HC^2H^3O^2$
Air fixe	Acide carbonique.	Anhydride carbonique	CO^2
	Acide carbon. hydraté.	Carbonate dihydrique	H^2CO^3
	Acide sulfur. anhydre.	Anhydride sulfurique.	SO^3

Noms populaires.	Noms usuels.	Noms appartenant à la nomenclature nouvelle.	Formules.
	Acide azotique anhydre.	Anhydride azotique.	Az^2O^5
	Acide phosphor. anhydr	Anhydride phosphorique	Ph^2O^5
	Acide métaphosphorique	Métaphosphate hydr.	$H\,PhO^3$
	Acide pyrophosphorique	Pyrophosph tetrahydr.	$H^4Ph^2O^7$
	Acide phosphorique.	Phosphate trihydrique.	H^3PhO^4
Acali volatil . .	Ammoniaque.	Ammoniaque.	AzH^3
Esprit de corne de cerf . . .	Ammoniaque hydratée.	Oxyde hydric.-ammon.	AzH^5O
Potasse ou alcali végétal . . .	Potasse ou oxyde de potassium	Oxyde dipotassique.	K^2O
Chaux vive. . .	Chaux ou oxyde de calc.	Oxyde calcique.	CaO
Lait de chaux .	Hydrate de chaux.	Hydroxyde calcique.	CaH^2O^2
Précipité *per se*.	Protoxyde de mercure.	Oxyde mercurique.	HgO
Sel de soude. .	Carbonate de soude.	Carbonate disodique.	Na^2CO^3
Potasse perlée.	Carbonate de potasse.	Carbonate dipotassique.	K^2CO^3
Sucre d. Saturne	Acétate de plomb.	Diacétate plombique.	$Pb^2C^2H^3O^2$
Sel marin . .	Chlorure de sodium.	Chlorure sodique.	$NaCl$
Sel ammoniac.	Chlorhydrate d'ammon.	Chlorure ammonique.	AzH^4Cl
Sel admirable de Glauber .	Sulfate de soude.	Sulfate disodique.	Na^2SO^4
	Bisulfate de potasse.	Hydrosulfate dipotass.	$HKSO^4$
Gypse ou plâtre	Sulfate de chaux	Sulfate calcique.	$CaSO^4$
Sel d'Epsom. .	Sulfate de magnésie.	Sulfate magnésique.	$MgSO^4$
Alun	Sulfate double d'alum. et de potasse.	Sulfate alumino-potass.	KAl^2SO^4
Nitre ou salpêtre	Nitrate de potasse.	Nitrate potassique.	$KAzO^3$
Nitre cubique .	Nitrate de soude.	Nitrate sodique.	$NaAzO^3$
Couperose verte.	Protosulfate de fer.	Sulfate ferreux.	$FeSO^4$
	Sesquisulfate de fer.	Sulfate ferrique.	$Fe^2\,(SO^4)^3$
Calomel	Protochlor. de mercure.	Chlorure mercureux.	$Hg\,Cl$
Sublimé corros	Bichlorure de mercure.	Chlorure mercurique.	$Hg\,Cl^2$
Pierre infernale	Azotate d'argent.	Azotate argentique.	$AgAzO^3$
Couperose bleue	Sulfate de cuivre.	Sulfate cuivrique.	$CuSO^4$
	Phosphate de soude.	Hydrophosph. disodique.	HNa^2PhO^3
	Sous-phosphate de soude	Phosphate trisodique.	Na^2PhO^4
	Biphosphate de soude	Dihydrophosph. sodique	H^2NaPhO^2
Phosphate d. os	Phosph. tribas. de chaux	Diphosphate tricalcique	$Ca^3\,(PhO^4)^2$
	Sous-phosphate de chaux	Phosphate hydrocalcique	$HCaPhO^4$
Superphosphate.	Biphosphate de chaux.	Diphos. tétrahydrocalc.	$H^4Ca(PhO^4)^2$
	Perphosphate de fer.	Phosphate ferrique.	$FePhO^4$
	Protophosphate de fer.	Phosphate ferreux.	$Fe^3\,(PhO^4)\,2$
Sel de phosphore	Phosph. ammoniaco-sod.	Phosphate hydro-sodico-ammonique.	$HNa(AzH^4)PhO^4$
	Pyrophosphate de soude	Pyrophosph. sodique.	$Na^4Ph^2O^7$
	Pyrophosphate de chaux	Pyrophosphate calcique.	$Ca^2Ph^2O^7$
	Métaphosphate de soude	Métaphosphate sodique.	$NaPhO^3$
	Métaphosphate de chaux	Métaphosphate calcique.	Ca^2PhO^3

L'oxygène, le soufre et les autres corps non métalliques s'unissent avec les métaux en plus d'une proportion. Ceux de ces composés qui contiennent la plus grande proportion de métalloïde sont nommés ainsi : oxyde mercur*ique*, oxyde ferr*ique*, tandis que les composés contenant la plus faible proportion de métalloïde sont appelés : oxyde mercur*eux*, oxyde ferr*eux*. Il y a des acides qui contiennent diverses quantités relatives d'oxygène unies avec le même poids de métalloïde. Les plus riches en oxygène sont dits : acide phosphor*ique*, acide chlor*ique*, et les plus pauvres : acide phosphor*eux*, acide chlor*eux*. Acide *hypo*sulfur*eux* signifie un acide encore moins oxygéné que l'acide sulfureux, et acide *per*chlor*ique*, un acide plus oxygéné que l'acide chlorique.

Quand un acide, tel que l'acide sulfurique, se combine avec une base, le sel prend *ate* comme désinence caractéristique. Ainsi nous avons le sulf*ate* sodique et le phosph*ate* sodique. L'acide sulfur*eux*, l'acide phosphor*eux* donnent le sulf*ite* sodique et le phosph*ite* sodique. De même il y a le *per*chlor*ate*, le chlor*ate*, le chlor*ite* et l'*hypo*chlor*ite* de potassium et d'autres métaux. Les adjectifs numéraux latins et grecs sont employés pour indiquer les proportions de l'oxygène et des autres métalloïdes combinés à des métaux. Le fer et l'oxygène unis atome à atome constituent le *prot*oxyde ou le *mon*oxyde; de plus hautes proportions d'oxygène produisent *di* ou *deut*oxyde, *ter* ou *trit*oxyde, *quadr* ou *tetr*oxyde. On connaît un *penta*sulfure de calcium renfermant, comme son nom l'exprime, deux atomes de calcium pour cinq atomes de soufre.

Bases, Acides, Sels. — Le mot *base* se rencontre fréquemment dans les écrits relatifs à la chimie. Il s'applique à ces corps qui se transforment en sels sous l'action des acides. Il y a d'ailleurs quatre sortes principales de bases :

1° Les oxydes métalliques, comme la chaux;

2° Les composés renferment un métal uni avec un atome d'oxygène et un atome d'hydrogène, comme l'hydrate sodique ou l'hydrate potassique;

3° Certains corps hydrogénés, comme l'ammoniaque ou le phosphure trihydrique;

4° Enfin beaucoup de substances organiques azotées, telles que la strychnine ou la quinine.

Déjà nous avons vu que les acides contiennent de l'hydrogène. Celui-ci cède la place à un métal quand la première sorte de bases agit sur l'acide, et l'oxygène de l'oxyde métallique se combine avec lui pour faire de l'eau. Une action semblable prend naissance dans l'action d'un acide sur un hydrate métallique, mais une union pure et simple se produit entre un acide et l'ammoniaque ou les composés analogues, et aussi entre les acides et les bases organiques.

Formules chimiques. — Au moyen des symboles déjà indiqués, de coefficients et d'exposants convenables, nous avons ce qu'il faut pour exprimer la composition des substances les plus variées. Les *formules chimiques*, comme on appelle les expressions dont il s'agit, ressemblent aux formules algébriques, et cependant elles sont très-loin d'être identiques avec elles.

KCl est la formule du chlorure potassique. K n'est pas seulement le symbole du potassium, mais il représente aussi *un* atome de cet élément. Cl représente aussi un atome de chlore.

K^2S est la formule du sulfure dipotassique : le chiffre placé à droite de K et un peu au-dessus de lui indique le *nombre* d'équivalents de potassium entrant dans une molécule du composé. $2(K^2S)$ signifie deux molécules de sulfure dipotassique.

$MgSO^4$ est la formule du sulfate magnésique, l'exposant indiquant qu'il s'y trouve quatre atomes d'oxygène pour un seul atome des autres constituants.

$MgSO^4, 7(H^2O)$ fait voir la composition du sulfate magnésique cristallisé. La virgule sépare les sept molécules d'eau de la molécule de sulfate pour faire sentir que cette eau n'est pas unie aussi intimement au magnésium et au radical acide que ceux-ci le sont entre eux.

Combinaison et Décomposition chimiques. — Si du carbone, de l'hydrogène et de l'oxygène sont mélangés ensemble dans un flacon, chacun de ces corps conserve intacts ses caractères distinctifs. Il en résulte que dans une substance végétale les constituants ne sont pas simplement *mélangés*, mais qu'ils sont unis entre eux d'une manière plus intime. A cet état d'union intime s'applique la qualification de *combinaison chimique*, et les éléments sont dits *combinés chimiquement*.

Ainsi, quand du charbon est brûlé à l'air, il disparaît lentement et forme, comme on sait, une espèce de gaz connue sous le nom d'*anhydride carbonique* qui se diffuse peu à peu. Cet anhydride carbonique est formé par l'union du carbone avec l'oxygène de l'atmosphère, et dans le composé ces deux éléments, carbone et oxygène, sont *combinés chimiquement*.

De même, si de l'hydrogène est brûlé dans l'air, de l'eau se produit et celle-ci est le résultat de la *combinaison chimique* de l'hydrogène avec une certaine quantité d'oxygène de l'air.

D'un autre côté, si un morceau de bois, dans lequel les éléments sont chimiquement combinés, est brûlé dans l'air, ces éléments se séparent et disparaissent à l'état de composés nouveaux. Quand une substance subit un pareil changement par l'action de la chaleur ou tout autrement, on dit qu'elle est *décomposée*.

Les plantes tirent leur nourriture à la fois de l'air et du sol. Les parties des plantes qui ne sont pas volatiles doivent par conséquent provenir du sol ; mais l'atmosphère contribue pour une large part à la production de ces substances végétales que l'application de la chaleur décompose en carbone, oxygène, hydrogène et azote. Ces éléments pénètrent dans les plantes soit par les pores ténus de leurs racines, soit par les *stomates* (fig. 1) que portent les feuilles : les racines pompent le sol, les feuilles absorbent l'atmosphère.

Comme les pores des racines et des feuilles sont très-petits, le carbone ne peut pénétrer dans les plantes à l'état solide ; et comme il ne se dissout pas dans l'eau, il ne peut pas, à l'état de liberté, servir de nourriture aux végétaux. Il en est de même pour le soufre et pour le phosphore. De même l'hydrogène libre n'existe ni dans le sol ni dans l'air, de telle sorte que l'hydrogène constitutif des plantes n'a pas pu pénétrer à l'état libre.

D'un autre côté l'oxygène existe dans l'air et est directement absorbé à la fois par les racines et par les feuilles, tandis que l'azote, quoiqu'il constitue une grande partie de l'atmosphère, n'est pas assimilé directement.

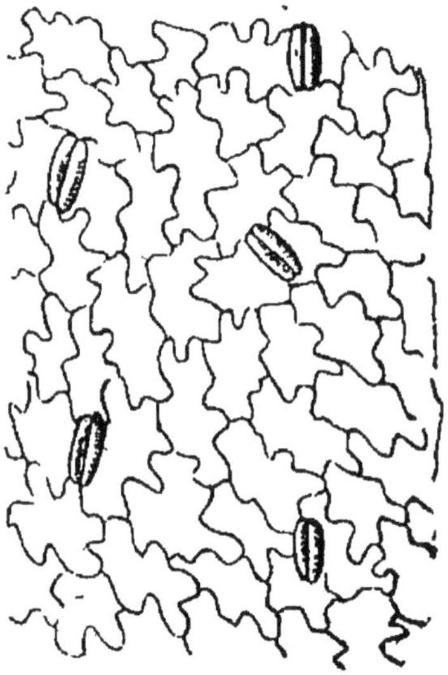

Fig. 1. — Stomates.

La totalité du carbone et de l'hydrogène et la plus grande partie de l'oxygène sont pris par les plantes à l'état de *combinaisons chimiques* avec d'autres substances. Le carbone est absorbé sous forme d'acide carbonique et de certains composés solubles qui existent dans le sol; l'hydrogène et l'oxygène sous forme d'eau; l'azote surtout à l'état d'ammoniaque ou d'acide azotique, etc.

CHAPITRE III.

ÉLÉMENTS CONSTITUTIFS DES PLANTES ET DES ANIMAUX.

Bien que l'on connaisse maintenant, comme on l'a vu plus haut, plus de soixante corps simples, il ne s'en trouve qu'un nombre relativement fort restreint dans la substance des animaux et des végétaux. Voici quels sont les éléments qu'on rencontre toujours dans les êtres vivants et qui semblent par conséquent absolument indispensables à leur existence :

Carbone,
Hydrogène,
Oxygène,
Azote,
Phosphore,
Soufre,
Chlore,
Potassium,
Calcium,
Magnésium,
Fer.

Le sodium est nécessaire à la vie animale, mais il n'est pas certain qu'il soit également essentiel aux plantes. Des traces de manganèse et de fluor font partie de la matière des êtres vivants. Le silicium ne se présente pas chez les animaux, mais son oxyde, connu sous le nom de silice, est abondant chez les graminées, qui lui doivent leurs tiges rigides, et il existe aussi chez d'autres plantes : néanmoins il y a des raisons de douter de l'indispensabilité du silicium au point de vue du développement des êtres vivants. L'iode et le brome se rencontrent dans les plantes marines et beaucoup plus rarement chez quelques végétaux terrestres. De très-faibles traces de lithium, de rubidium et de cæsium peuvent être découvertes souvent dans la substance de quelques plantes; parfois on y rencontre aussi le cuivre, le zinc, le plomb et le titane, qui sont peut-être accidentels. Le cuivre existe dans le foie des animaux.

Voyons rapidement quelles sont les principales propriétés des éléments les plus essentiels des êtres vivants.

Carbone. — Quand on brûle du bois disposé en un tas couvert, comme font les charbonniers dans les forêts (fig. 2), ou dans une cornue de fer, comme font les fabricants de vinaigre de bois, on obtient du *charbon* de bois. Celui-ci constitue la plus employée et la plus connue de toutes les variétés du carbone. Il est noir, tachant aux doigts et plus ou moins poreux, suivant l'espèce de bois d'où on l'a extrait. Le coke obtenu par la distillation de la houille est une autre variété de la même substance. En général il est plus dense que le charbon de bois et en même temps moins pur. La *mine de plomb* ou graphite

Fig. 2. — Carbonisation des bois par le procédé des forêts.

est une troisième variété encore plus lourde, souvent chargée de fer et qui se présente parfois en lamelles cristallines de forme hexagonale. Le diamant est le seul état sous lequel le carbone se présente dans la nature avec une pureté parfaite.

Ce fait que le diamant, malgré son aspect hyalin, est du charbon pur, est extrêmement frappant. Pour le chimiste il rentre dans une très-longue série de faits analogues réunis sous les noms de *dimorphisme* et de *polymorphisme*.

Le charbon de bois, le diamant, le noir de fumée et toutes les autres formes du charbon brûlent plus ou moins rapidement quand elles sont chauffées jusqu'à la température rouge au contact de l'air. Elles se transforment alors en une espèce de gaz, connu sous le nom d'*acide carbonique*. En brûlant, les variétés impures laissent comme résidu une plus ou moins forte proportion de *cendres*.

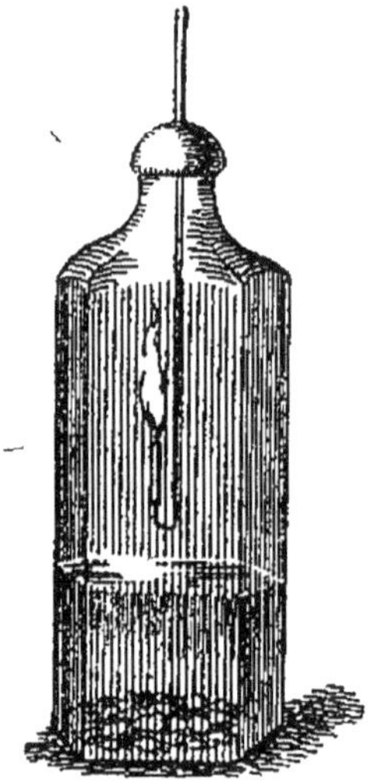

Fig. 3. — Bougie introduite dans une atmosphère d'hydrogène et s'y éteignant.

Soufre. — Le soufre est une substance solide d'un jaune clair, brûlant avec une flamme d'un bleu pâle et répandant alors une odeur suffocante tout à fait caractéristique. Cette odeur appartient en propre à l'acide sulfureux, SO^2. Le soufre complètement oxydé donne l'acide sulfurique.

Phosphore. — C'est une substance d'un jaune de cire et ayant une odeur particulière, qui fume à l'air, brille dans l'obscurité, prend feu avec une grande facilité et brûle alors avec une flamme trèslumineuse, accompagnée de beaucoup de fumées blanches. Comme le soufre, le phosphore existe dans toutes les plantes, quoiqu'en quantité relativement petite. Comme le soufre aussi, il est largement employe dans l'industrie, spécialement dans la fabrication des allumettes chimiques. Il se combine avec l'oxygène en plusieurs proportions, et forme entre autres l'importante substance connue sous le nom d'*acide phosphorique*.

Hydrogène. — Si l'on verse sur des morceaux de fer ou de la grenaille de zinc de l'acide sulfurique étendu de deux fois son volume d'eau, on voit le mélange dégager en abondance des bulles de gaz et se mettre à bouillonner. Le gaz ainsi produit est de l'hydrogène, et les actions chimiques qui se produisent dans la réaction sont exprimées par l'équation suivante :

H^2SO^4	$+ Zn$	$= Zn,SO^4$	$+ 2H$
Acide sulfurique hydraté.	Zinc.	Sulfate de zinc	Hydrogène.

Si l'on réalise cette expérience dans une bouteille, l'hydrogène chasse progressivement l'air atmosphérique que celle-ci contenait au début, et prend sa place. A ce moment on peut constater qu'une bougie allumée s'éteint lorsqu'on l'introduit dans la bouteille (fig. 3), en même temps que le gaz se met à brûler à l'ouverture du col avec une flamme pâle.

Oxygène. — Quand on chauffe un mélange d'acide sulfurique concentré et d'oxyde noir de manganèse (fig. 4) — ou bien quand on soumet à l'action de la chaleur du chlorate de potasse, ou de l'oxyde rouge

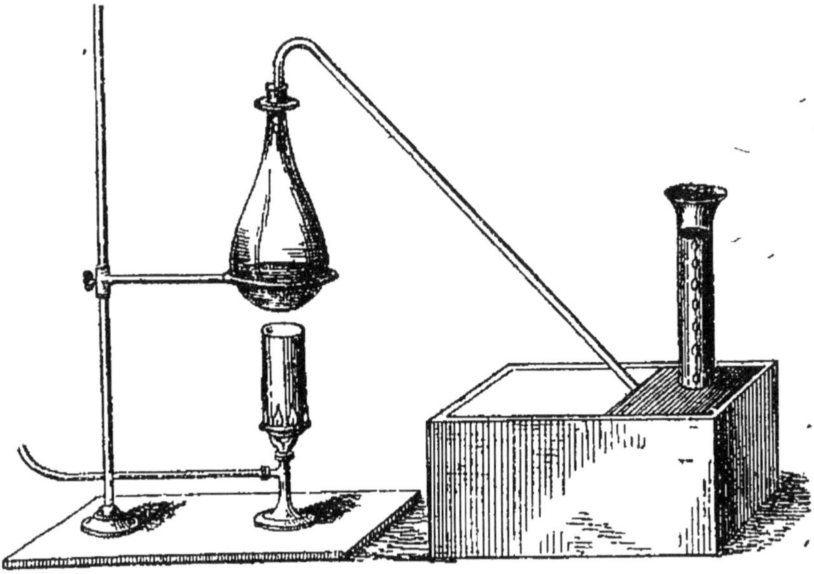

Fig. 4. — Préparation de l'oxygène par l'acide sulfurique et l'oxyde de manganèse.

de mercure, ou du nitrate de potasse, ou de l'oxyde noir de manganèse — dans tous ces cas un même gaz se dégage et on le désigne sous le nom d'*oxygène*.

Ce corps se prépare à température peu élevée, de la manière la plus simple et au plus grand état de pureté, en mélangeant quatre parties de chlorate de potasse et une d'oxyde noir de manganèse.

Un mode de préparation très-élégant consiste à chauffer dans un tube une petite quantité de bioxyde de mercure. En peu de minutes l'oxygène se dégage pendant qu'un globule métallique de mercure libre apparaît et se condense dans les régions froides de l'appareil. On reconnaît la présence de l'oxygène gazeux dans le tube en y introduisant une allumette présentant encore, après avoir été éteinte, un point

Fig. 5. — Allumette se rallumant dans un tube où l'on développe de l'oxygène en chauffant de l'oxyde rouge de mercure.

de charbon en ignition. Cette allumette en effet se rallume subitement et brûle avec le plus vif éclat (fig. 5).

C'est ainsi en effet qu'on reconnaît le gaz oxygène. On remarque aussi qu'un animal qui y est plongé subit une violente excitation de toutes ses fonctions vitales. Il respire avec une très-grande activité et son sang circule aussi vite que dans le cas d'une forte fièvre, amenant la mort au bout de quelques heures.

On sait que l'oxygène libre existe dans l'air atmosphérique dont il représente, en volume, à peu près un cinquième. C'est lui qui permet la respiration des animaux et les combustions si variées qui ont lieu de toutes parts. Il est nécessaire à la vie des plantes.

Azote. — L'azote se prépare très-aisément en traitant par l'ammoniaque une solution aqueuse de sulfate de fer. Voici ce qui se passe :

$$FeSO^4 + 2(AzH^4HO) = Az + (AzH^4)^2SO^4 + H^2O + FeO$$

On peut aussi abandonner du phosphore dans de l'air confiné : l'oxygène est absorbé par le corps combustible et l'azote reste seul.

Les propriétés de l'azote sont fort différentes de celles de l'oxygène. Il éteint les corps en combustion et il détermine l'asphyxie immédiate des animaux. Nous venons de voir qu'il existe en abondance dans l'atmosphère, où son rôle paraît être surtout de mitiger l'énergie de l'oxygène. Il semble pourtant avoir une influence directe et bienfaisante sur la vie des végétaux, et c'est là un point sur lequel nous aurons à revenir avec quelques détails dans une autre partie de cet ouvrage.

Chlore. — C'est un gaz verdâtre à peu près deux

fois et demi aussi lourd que l'air. Il ne peut être introduit dans les poumons, même avec le mélange d'une très-grande proportion d'air, sans déterminer une violente irritation. Il est soluble dans son propre volume d'eau, et la solution détruit les matières colorantes de nature organique. Il décompose les gaz nauséabonds comme l'hydrogène sulfuré, l'hydro-

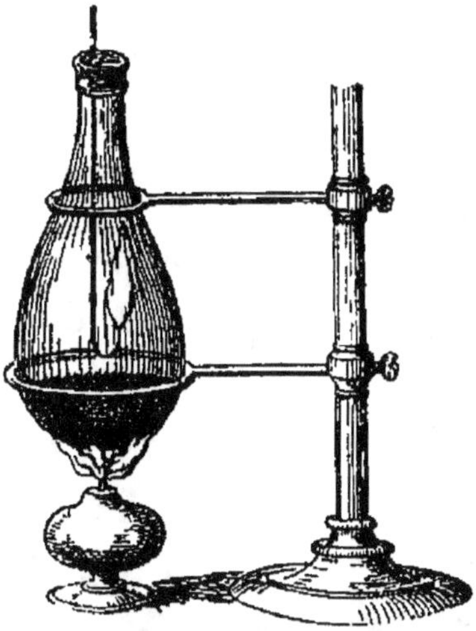

Fig. 6. — Allumette brûlant dans une atmosphère de chlore.

gène phosphoré, l'hydrogène carboné et les matières putrescibles animales et végétales : aussi est-il un grand agent de désinfection en même temps que de blanchiment.

Pour l'obtenir, il suffit de traiter à chaud le bioxyde de manganèse par l'acide chlorhydrique :

$$MnO^2 + 4HCl = MnCl^2 + 2H^2O + Cl^2$$

Si l'on fait l'opération dans un ballon de verre

incolore, on voit progressivement l'atmosphère intérieure prendre la nuance verdâtre caractéristique du chlore, et l'odeur du gaz dégagé se diffuse lentement dans la chambre. Une allumette enflammée plongée dans le chlore brûle avec une flamme rouge (fig. 6) très-fumeuse.

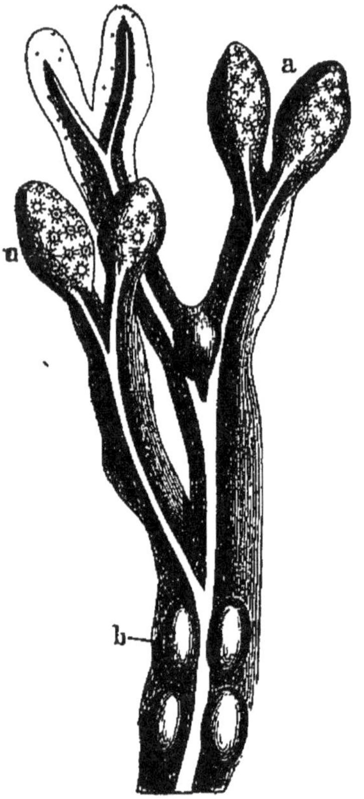

Fig. 7. — Fucus vesiculosus.

On sait que la combinaison directe du chlore avec les métaux donne lieu à des chlorures, et c'est surtout à l'état de chlorure qu'il pénètre par les racines dans l'économie des plantes.

Iode. — C'est une matière solide d'un gris et d'un brillant d'acier ou de plomb. Son odeur est toute spéciale et rappelle un peu celle du chlore, et sa saveur est âcre. Son contact colore la peau en brun foncé. On peut le reconnaître à deux caractères très-nets, dont le premier est de se volatiliser par la chaleur et de se présenter alors sous l'aspect d'une vapeur très-lourde, d'une couleur violette splendide, et dont le second est de donner, par son contact

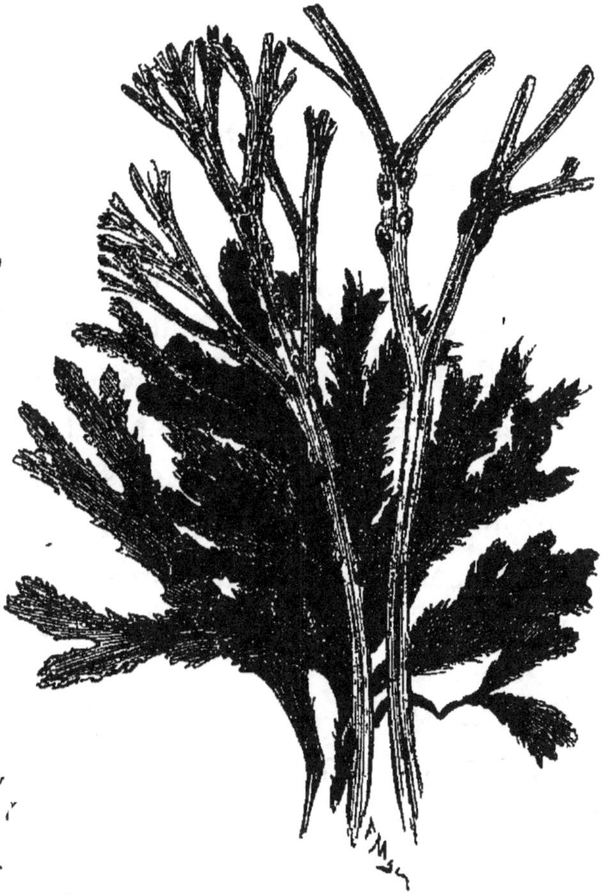

Fig 8. — Goémon ou Varech.

avec l'empois d'amidon, une combinaison d'un beau bleu. On rencontre l'iode en petites quantités dans l'eau de mer et dans quelques plantes aquatiques, la plupart marines (fig. 7 et 8).

Brome. — Le brome est un liquide très-dense d'un rouge brun foncé. Son odeur est très-pénétrante et très-désagréable, et sa vapeur est d'un rouge jaunâtre. Il colore l'amidon en jaune. Le brome existe dans l'eau de mer, dans diverses sources minérales, et a été reconnu dans les cendres de plusieurs plantes.

Fluor. — C'est un gaz extrêmement corrosif, qu'on n'a pas encore obtenu à l'état de liberté. Les dents et les os le renferment en petites quantités et on peut en démontrer aussi la présence dans le lait et dans le sang. La cendre des plantes en est rarement dépourvue. Plusieurs minéraux sont à base de fluor; le plus connu est le fluorure de calcium, connu sous les noms de *fluorine* ou de *spath fluor*.

Potassium. — Ce métal est plus léger que l'eau (0,865, l'eau pesant 1,000). On ne le rencontre jamais libre mais uni à divers corps, au premier rang desquels il faut citer l'oxygène, l'acide carbonique, le chlore et l'iode. Il s'oxyde instantanément quand on l'expose à l'air et décompose l'eau avec tant d'énergie, que l'hydrogène déplacé s'enflamme avec une sorte d'explosion (fig. 7). On conserve le potassium dans le naphte, qui est, comme on sait, un carbure d'hydrogène.

Sodium. — Le sodium ressemble beaucoup au précédent, dont il diffère surtout par des affinités moins énergiques. C'est un corps très-répandu dans la nature, son chlorure constituant le *sel marin*, auquel l'eau de l'Océan doit sa saveur amère, et le *sel gemme*, qui forme des couches si épaisses, que d'immenses mines y sont ouvertes en beaucoup de régions.

Calcium. — Voici encore un métal pour ainsi dire inconnu à l'état de liberté et qui joue cependant, par son abondance, un rôle de première importance dans la nature. Son oxyde est la *chaux* qui, unie à l'acide carbonique, constitue les calcaires dont tant de montagnes sont formées, pendant que son sulfate est la pierre à plâtre (fig. 9).

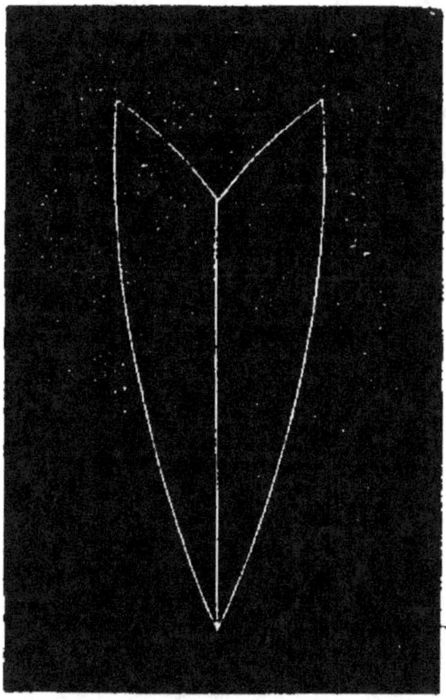

Fig. 9. — Gypse en fer de lance.

Magnésium. — Le magnésium est connu surtout à l'état d'oxyde ou *magnésie*. La dolomie, roche très-répandue, n'est pas autre chose que du carbonate double de chaux et de magnésie. Le sulfate de magnésie se présente dans une foule d'eaux minérales, dont le type se trouve à Epsom. Un minéral employé comme amendement et désigné par le nom de *kainite* consiste en chlorure de magnésium. On l'exploite surtout à Stassfurth, en Prusse.

Fer. — C'est certainement le corps qui mériterait le mieux le nom de métal précieux. Il ne se présente guère dans la nature qu'à l'état de combinaisons[1]. Le sulfure de fer est connu sous le nom de *pyrite* : c'est un minéral d'un jaune de laiton à éclat métallique, exploité souvent pour en tirer de l'acide sulfurique, et qui contribue à la fertilité de certaines terres ligniteuses. L'oxyde de fer est tantôt anhydre et on lui donne alors les noms d'*oligiste*, d'*hématite*, de *mine de fer rouge* — et tantôt hydraté, et alors c'est la *limonite* ou la *mine de fer* jaune. On connaît du reste en chimie trois combinaisons oxygénées du fer qui ont une importance considérable. Ce sont le protoxyde FeO, le sesquioxyde Fe^2O^3 et l'oxyde de fer magnétique Fe^3O^4.

Quantités relatives des Éléments contenus dans les Plantes. — La partie organique de tous les corps

[1] Cependant dans ces dernières années on a trouvé au Groënland, à Ovifak dans l'île de Disco, et à Assuk dans le détroit de Waigatt, des quantités relativement très-considérables de fer natif associé d'une manière intime à des roches basaltiques.

végétaux et animaux est essentiellement composée d'une substance solide, le carbone, et de trois gaz, l'hydrogène, l'oxygène et l'azote. On doit ajouter que les matières azotées renferment en outre du soufre et du phosphore, mais en quantité extrêmement faible.

Mais la portion organique des plantes renferme ces substances en proportions très-inégales. On peut admettre qu'en poids :

Le *carbone* en constitue à peu près la *moitié ;*

L'*oxygène*, un peu plus d'un *tiers ;*

L'*hydrogène*, un peu plus de *cinq centièmes ;*

L'*azote*, environ de *0,5 à 4 p. 100 ;*

Le *soufre*, de *1 à 5 p. 100 ;*

Le *phosphore*, environ *un millième.*

Voici un tableau qui résume ces faits dans quelques cas particuliers relatifs à 1000 kilogrammes de plantes supposées parfaitement sèches :

	Carbone.	Hydrog.	Oxygène.	Azote.	Cendres.
Foin.	458k	50k	387k	15k	90k
Luzerne	474	50	378	21	77
Pommes de terre.	440	58	447	15	40
Froment.	461	58	434	23	24
Paille de froment.	484	53	389,5	3,5	70
Avoine.	507	64	367	22	40
Paille d'avoine. .	501	54	390	4	51

Il faut remarquer cependant qu'en desséchant à

une chaleur modérée 1000 kilogrammes de foin ordinaire, on lui fait perdre 158 kilogrammes d'eau. La luzerne perd 210 kg.; la pomme de terre essuyée de façon à être sèche à l'extérieur, 759 kg.; le navet blanc, 900 kg.; le froment, 145 kg.; la paille de froment, 260 kg.; l'avoine, 151 kg., et la paille d'avoine, 287 kg.

Mais la quantité d'eau dépend aussi de l'état des plantes examinées et par conséquent le résultat des analyses varie. 1000 kilogrammes d'herbe verte contiennent de 700 à 800 kilogrammes d'eau, tandis que la même herbe, passée à l'état de foin, n'en fournit plus que 140.

Le corps des animaux contient aussi une grande proportion d'eau, mais la matière sèche qui les constitue se distingue aisément des substances végétales par une plus forte quantité d'azote, de soufre et de phosphore. Certaines parties en sont même remarquablement riches. Ainsi : le *muscle maigre* bien desséché contient de 12 à 14 p. 100 d'azote ; les *cheveux* et la *laine* environ 5 p. 100 de soufre ; les *os* secs environ 12 p. 100 de phosphore, etc.

Mais dans les animaux comme chez les plantes les constituants principaux sont le carbone et l'oxygène. Ainsi la chair de bœuf, le sang, le blanc d'œuf et le caillé de lait (caséum) consistent, en centièmes, après dessiccation complète, en :

Carbone	55
Hydrogène	7
Azote.	16
Oxygène avec soufre et phosphore .	22
	100

Nous allons maintenant rechercher quelle est la proportion de quelques-uns des *composés* que les

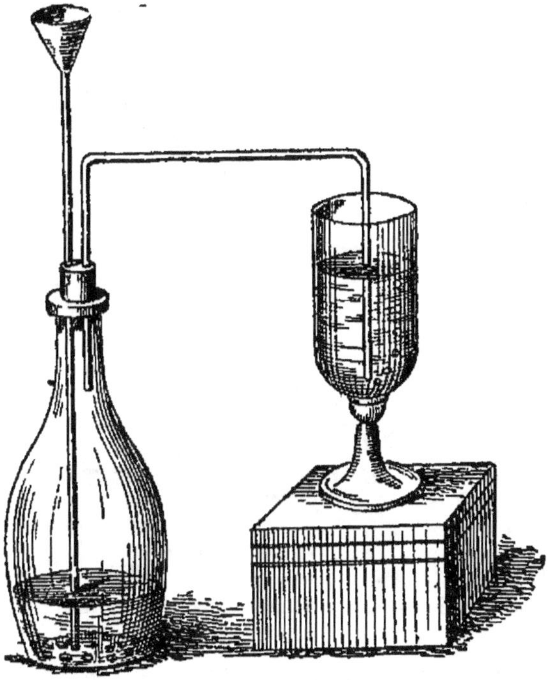

Fig. 10. — Préparation de l'acide carbonique.

plantes utilisent comme aliments et qui entrent dans la constitution de leurs parties volatilisables.

Acide carbonique. — Si l'on verse un peu d'acide chlorhydrique sur des fragments de calcaire déposés au fond d'un petit ballon (fig. 10), on constate la production d'une vive *effervescence* due au dégagement d'un gaz qui ne tarde pas à remplir le vase. Ce gaz, obtenu en vertu de l'équation suivante, est l'acide carbonique.

$$Ca,CO^3 + 2HCl = CaCl^2 + H^2CO^3.$$

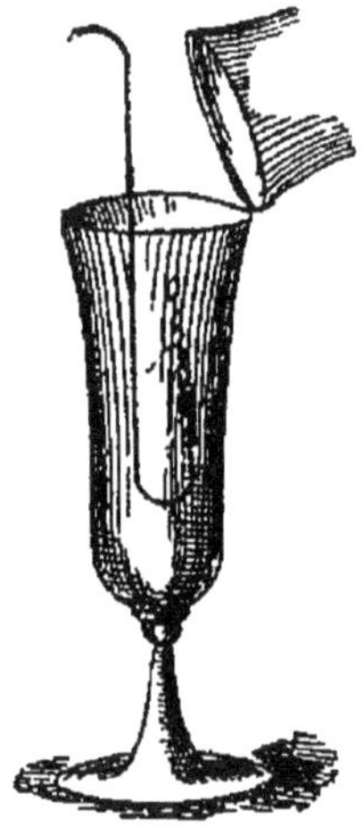

Fig. 11.
Extinction d'une bougie par l'acide carbonique versé dessus.

Fig. 12.
Autre disposition de la même expérience.

On ne peut à la vue distinguer ce corps de l'air atmosphérique, mais si une allumette enflammée y est introduite, on constate qu'elle s'éteint instantanément. La densité de l'acide carbonique est si supérieure à celle de l'air, qu'on peut le transvaser dans celui-ci comme on ferait d'un liquide. On dispose en général l'expérience de cette façon : une petite lampe allumée est placée au fond d'un verre, puis on incline au-dessus un second verre préalablement rempli d'acide carbonique; la bougie s'éteint comme si on avait versé de l'eau sur sa flamme (fig. 11 et 12). L'odeur de ce gaz est spéciale, il est irrespirable et détermine la mort par asphyxie des animaux qu'on y place. L'eau le dissout en grande quantité et elle acquiert ainsi cette saveur aigrelette agréable qu'on recherche dans l'eau de Seltz.

En se combinant aux bases, l'acide carbonique donne naissance aux *carbonates :* si on fait passer un courant de gaz dans une dissolution d'eau de chaux, celle-ci se trouble par suite de la formation du carbonate de chaux.

L'acide carbonique existe normalement dans l'atmosphère : il provient alors pour une bonne part de la respiration des animaux et de la combustion des matières végétales, telles que le bois et le charbon. Les substances végétales et animales en dégagent aussi en se pourrissant, et c'est pourquoi on le trouve dans les sols en quantité qui varie avec celle des matières organiques que ces sols renferment. La fermentation en produit des torrents, et c'est à lui que le vin de Champagne et la bière doivent la propriété de mousser.

La composition élémentaire de l'acide carbonique est exprimée par les nombres suivants :

Carbone	28
Oxygène	72
	100

Eau. — Si l'on prépare de l'hydrogène par le procédé qui a été précédemment décrit et si on l'enflamme à l'extrémité du tube de dégagement (fig. 13), on reconnaît en refroidissant la flamme qu'elle donne naissance à de l'eau. En étudiant de plus près cette production, on est arrivé à reconnaître que l'eau résulte de la combinaison de l'oxygène avec l'hydrogène, dans la proportion de deux atomes du premier gaz avec deux atomes du second; soit en poids 16 parties d'oxygène pour 2 parties d'hydrogène.

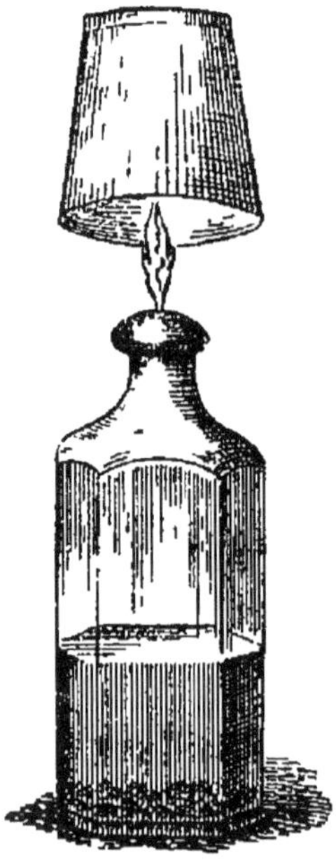

Fig. 13.
Synthèse de l'eau.

L'eau est trop connue pour qu'il y ait ici lieu de nous étendre sur sa description; disons seulement qu'à l'état de pureté elle est incolore, inodore et insipide, qu'elle se congèle à zéro et bout à 100 degrés (la pression atmosphérique étant de 760 millimètres de mercure).

Elle possède aussi deux propriétés spécialement applicables aux phénomènes agronomiques :

1° Si du sucre ou du sel sont placés dans l'eau, ils disparaissent et passent à l'état de dissolution. L'eau peut ainsi dissoudre un très-grand nombre de substances en proportion plus ou moins considérable pour chacune d'elles. Aussi quand la pluie tombe et pénètre dans le sol, elle dissout une partie des matériaux solubles qu'elle rencontre sur sa route, soit dans l'air soit dans la terre, et ce n'est que d'une manière tout à fait exceptionnelle qu'elle atteint les racines des plantes avec un état de pureté complète. Il résulte de là que l'eau fournie par les sources contient ordinairement une petite quantité de substances terreuses et salines en dissolution.

Déjà on a vu que l'eau dissout un volume égal au sien de gaz acide carbonique; elle dissout aussi de plus petites quantités de l'oxygène et de l'azote atmosphériques, de sorte que si elle vient à rencontrer l'un ou l'autre de ces gaz dans le sol, elle s'en charge et le transporte aux plantes qui s'en nourrissent.

2° L'eau peut être, par divers procédés chimiques, réduite en ses éléments, oxygène et hydrogène. Or les plantes réalisent d'elles-mêmes une décomposition analogue. Les racines et les feuilles absorbent l'eau, mais une fois absorbée, cette eau se décompose, l'hydrogène entre dans la constitution des principes immédiats de la plante et l'oxygène est éliminé.

Ammoniaque. — Quand du sel ammoniac $(AzH^4)Cl$, ou du sulfate d'ammoniaque $(AzH^4)^2SO^4$ sont mélangés avec de la chaux vive, une pénétrante odeur

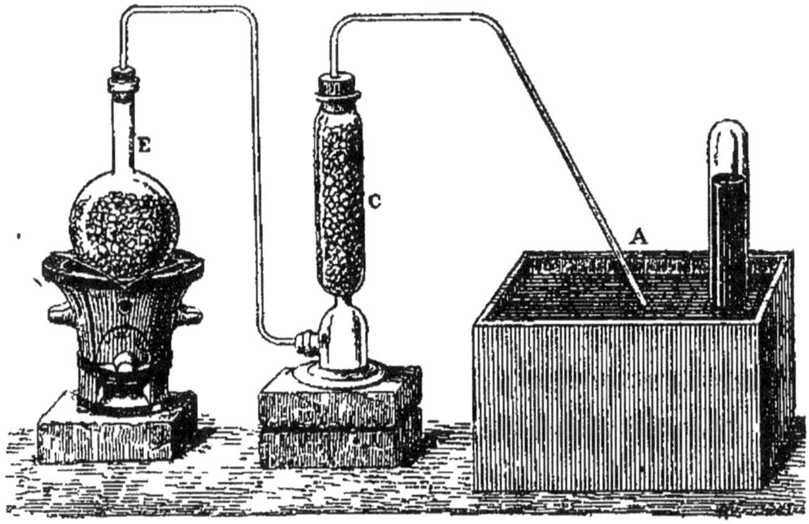

Fig. 14. — Préparation du gaz ammoniac par la décomposition du sel ammoniac par la chaux.

se fait sentir aussitôt et un gaz invisible se dégage en affectant les yeux d'une manière des plus désagréables. Ce gaz, c'est l'ammoniaque AzH^3. L'eau le dissout avec la plus grande avidité. Aussi le recueille-t-on sur le mercure, comme le montre la figure 14.

L'ammoniaque, comme le montre la formule précédente, consiste dans la combinaison de 14 parties d'azote avec 3 parties d'hydrogène.

La putréfaction des matières animales est une source importante d'ammoniaque, et c'est un des rôles importants des engrais que de la dégager dans le sol.

L'ammoniaque résulte aussi de l'altération de diverses substances végétales. Les régions volcaniques en laissent aussi suinter avec les autres produits des éruptions : les crevasses des roches et des laves en voie de refroidissement en fournissent beaucoup.

Artificiellement on l'obtient par la distillation des matières animales et par la combustion et la distillation de la houille. C'est même des liquides produits par les usines à gaz que l'industrie retire la plus grande partie de l'ammoniaque qu'elle utilise en masses si considérables.

Si l'ammoniaque n'est pas un des corps les plus abondants dans la nature, elle en est un des plus répandus. Douée des propriétés des alcalis, on la trouve toujours combinée avec un acide. C'est donc sous la forme saline et spécialement sous celle de carbonate ou d'azotate qu'on la trouve dans les terres arables, dans les argiles, dans les ocres, dans les fers limoneux, dans la plus grande partie des matières minérales poreuses et dans l'eau des rivières ;

c'est encore sous cette forme qu'elle se trouve dans l'air. Il n'est pas difficile de se rendre compte de sa grande diffusion, parce que, comme on vient de le voir, toute matière vivante qui se décompose en dégage; mais il faut ajouter qu'une autre circonstance rend également compte du même fait : l'azote se combine avec l'hydrogène naissant : or l'eau joue un rôle considérable dans les phénomènes qui se passent à la surface de la terre non-seulement par sa présence ou comme véhicule, mais encore par le rôle qu'y jouent ces éléments. L'eau se décompose donc, et son hydrogène se combine avec l'azote de l'air dissous dans l'eau même et forme de l'ammoniaque. Tel est le cas du fer, qui s'oxyde lentement aux dépens de l'oxygène de l'eau. Ainsi toutes les oxydations qui s'effectuent par suite de la décomposition de l'eau peuvent occasionner la formation d'ammoniaque.

Acide azotique. — C'est un liquide très-corrosif, connu vulgairement sous le nom d'*eau forte*. On le prépare en traitant le sulfate ou l'azotate potassique par l'acide sulfurique et en distillant le mélange :

$$H^2SO^4 + KAzO^3 = KHSO^4 + HAzO^3$$

L'eau forte est d'ailleurs un mélange d'acide azotique avec une quantité plus ou moins considérable d'eau.

L'anhydride azotique Az^2O^5 consiste dans la combinaison de 14 parties d'azote par 40 d'oxygène. Mêlé à l'eau, il donne l'acide azotique :

$$Az^2O^5H^2O = 2AzHO^3.$$

Il est très-remarquable que les deux gaz atmosphériques, oxygène et azote, au contact desquels nous vivons, donnent naissance, par leur combinaison, à un corps aussi corrosif, aussi toxique que l'acide azotique.

Cet acide existe et se produit dans beaucoup de sols et lors de la décomposition des matières animales : on le trouve toujours à l'état de sels. Avec la potasse il donne le salpêtre ou nitre, avec la soude et la chaux, les azotates de soude et de chaux, etc. Tous ces sels sont très-solubles dans l'eau, et c'est par leur intermédiaire que l'acide azotique pénètre dans l'organisation végétale, où son rôle est considérable comme source d'azote.

Dans l'Inde on obtient le salpêtre en lavant à l'eau certains sols d'alluvion et en évaporant la solution jusqu'à siccité. En Europe on prépare artificiellement des sortes de couches de terrains où la nitrification se produit : elles consistent en un mélange de substances terreuses avec le liquide ou purin provenant des étables. Au bout d'un an on lave, et la liqueur ainsi obtenue donne le salpêtre par évaporation. Le terrain qui a supporté quelque temps la demeure des hommes, s'imprègne bientôt de matières animales qui donnent naissance parfois à de vraies couches salpêtrées souvent fort riches.

L'acide azotique se forme naturellement dans certains cas par le fait seul du passage de l'électricité au travers de l'air. La pluie le dissout et l'amène dans le sol, où les alcalis le neutralisent en passant à l'état de sels variés.

Dès les époques reculées on a remarqué dans l'Inde que les régions dont le sol est salpêtré sont les plus fertiles, et des expériences directes faites beaucoup plus récemment ont démontré que les nitrates activent merveilleusement la végétation. C'est en effet de l'acide azotique que les plantes paraissent tirer la plus grande partie de leur azote constitutif.

Urée. — L'azote contenu dans l'urine de l'homme et des mammifères est le plus ordinairement engagé dans la combinaison connue sous le nom d'*urée*. Ce composé, dont la formule est CH^4Az^2O, est à l'état de pureté absolument incolore. Il cristallise en beaux prismes déliquescents. L'action de la chaleur le fait fondre d'abord, puis le décompose. Comme l'ammoniaque elle-même, l'urée est une des sources d'où les végétaux tirent leur azote.

L'Atmosphère. — L'air que nous respirons et où

les plantes aussi trouvent une grande partie de leur nourriture consiste en un *mélange* d'oxygène et d'azote (fig. 15), avec une très-faible quantité d'acide carbonique et une proportion variable de vapeur aqueuse. 100 litres d'air sec et pur renferment environ 21 litres d'oxygène et 79 litres d'azote. A l'état ordinaire la proportion d'acide carbonique est inférieure à 5 centilitres et la vapeur d'eau représente de 1 litre à 2 1/2 litres.

Fig. 15. — Analyse de l'air par la combustion du phosphore dans l'atmosphère confinée d'une cloche renversée dans l'eau.

Composition de l'atmosphère.

Corps certainement essentiels.

Azote	77.98
Oxygène	20.61
Vapeur d'eau	1.40
Acide carbonique	0.04

Corps probablement essentiels.

Ozone	. . . .	Traces.
Ammoniaque	. . . .	

Corps peut-être essentiels.

Acide azotique	. . . .	Traces.
Oxyde de carbone	. . . .	
Hydrogène carboné	. . . .	
Hydrogène sulfuré	. . . .	
Matières organiques	. . . .	
Total	. . . .	100.00

D'après M. Georges Ville, l'air ne contient que 1 partie d'ammoniaque sur 50 millions de parties. D'autres chimistes ont trouvé beaucoup moins encore.

L'oxygène de l'air est indispensable à la respiration des animaux, à la vie des plantes et à la combustion des corps. L'azote a pour fonction principale de diluer l'oxygène et de diminuer son énergie d'action, qui serait corrosive, comme on l'a vu. La petite portion d'acide carbonique apporte aux végétaux des matériaux utiles de nutrition, et l'eau atmosphérique maintient les êtres vivants dans un état favorable d'humidité.

Ainsi, par sa composition, l'atmosphère nous offre un admirable exemple d'adaptations à la nature et aux besoins des êtres vivants.

CHAPITRE IV.

ÉLÉMENTS CONSTITUANTS DES CENDRES DES PLANTES.

Ce qui reste après la combustion d'une substance végétale ou animale est qualifié du nom de *cendres*. La proportion en varie depuis des traces à peine sensibles jusqu'à 10 ou 12 p. 100. Les substances suivantes se trouvent dans les cendres des plantes, soit libres, soit à divers états de combinaison.

Acide sulfurique. — On connaît aussi ce corps sous le nom d'*huile de vitriol*. C'est un liquide dense et huileux extrêmement corrosif, qui développe beaucoup de chaleur par son mélange avec l'eau et noircit les matières végétales telles que le bois ou la paille. Beaucoup de substances s'y dissolvent avec facilité. On le fabrique en brûlant le soufre et en abandonnant les vapeurs sulfureuses dans de vastes chambres où elles éprouvent l'action de gaz nitreux, de la vapeur d'eau et de l'air.

L'acide sulfurique est composé de soufre et d'oxygène. Un kilogramme de soufre en produit environ trois d'acide. A l'état anhydre sa formule est SO^3 ; l'huile de vitriol est représentée par $SO^3 + H^2O = SO^4H$ (fig. 16).

En se combinant avec les bases, telles que la

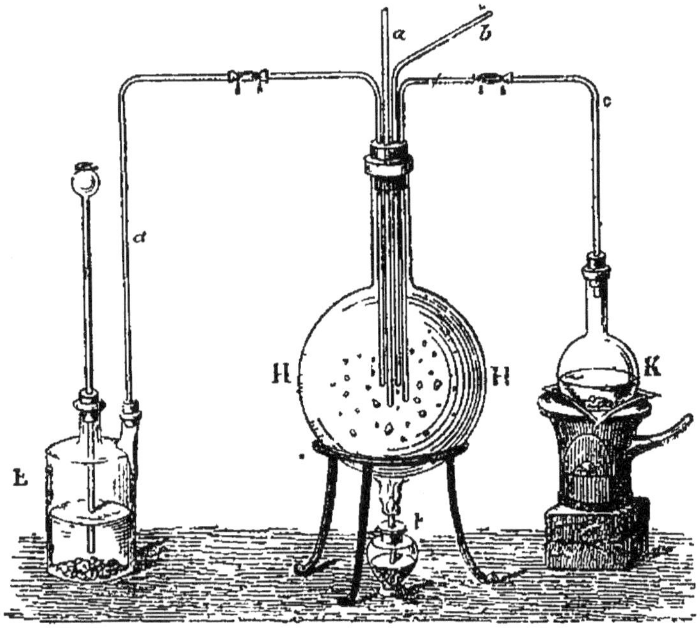

Fig. 16. — Préparation de l'acide sulfurique.

potasse, la soude, la chaux, la magnésie, etc., il forme des *sulfates*. Ceux-ci existent dans le sol, et quand ils sont dissous dans l'eau, ils alimentent très-efficacement les plantes.

L'acide sulfurique concentré est employé sur une forte échelle pour enrichir les phosphates fossiles utilisés par l'agriculture et qui sont alors amenés à l'état de superphosphate.

Acide phosphorique. — Si un morceau de phosphore est allumé dans l'air, il brûle avec un très-vif éclat et donne des fumées blanches très-lourdes (fig. 17). Ces fumées sont constituées par de l'anhydride phosphorique (Ph^2O^5). Elles sont dues à l'union du phosphore brûlant avec l'oxygène de l'air. 100 grammes de phosphore, en se consumant, donnent 229gr,5 d'anhydride phosphorique.

Fig. 17. — Préparation de l'acide phosphorique.

Si on condense les fumées en question, on recueille une poudre blanche qui absorbe rapidement l'humidité environnante et passe ainsi à l'état liquide : le résultat est l'acide phosphorique (H^3PhO^4) qui donne avec les bases des sels connus sous le nom de *phosphates*.

Ceux-ci existent dans le sol et jouent un rôle agronomique de première importance. Les os des animaux contiennent beaucoup d'acide phosphorique combiné à de la chaux et à de la magnésie.

Acide silicique. — Ce composé, très-souvent désigné sous le nom de *silice*, est le bioxyde du métalloide appelé silicium. Sa formule est donc SiO^2. Dans la croûte du globe il se présente par son abondance comme un élément exceptionnellement important : presque toutes les roches en renferment. On le trouve parfois cristallisé en prismes à six pans et on l'appelle alors du *cristal de roche* ou du *quartz* (fig. 18). L'agate est de la silice amorphe et l'opale est de la silice hydratée. Le silex commun peut être considéré comme une agate grossière. Le sable, les grès, les quartz, etc., sont des roches essentiellement siliceuses.

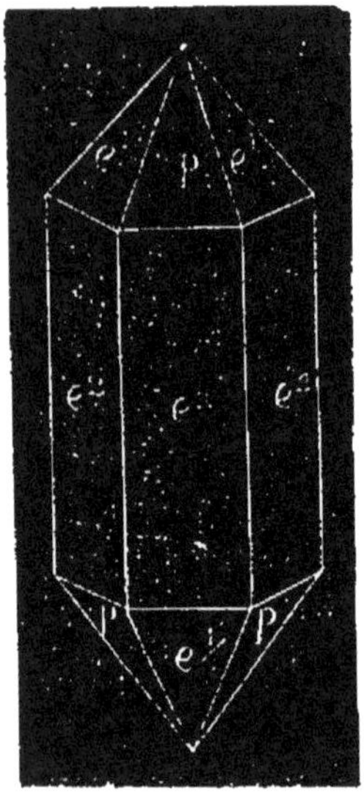

Fig. 18. — Quartz.

Fondue avec de la potasse, de la soude, de l'alumine, de l'oxyde de fer, etc., la silice forme les diverses variétés de verres dont plusieurs, très-chargés d'alcalis, sont solubles dans l'eau. Les composés de la silice sont appelés des *silicates* et beaucoup d'entre eux existent dans les roches, dans le sol, dans la porcelaine, les poteries, les ciments, les briques, etc. Quand une solution de silicate soluble est décomposée par un acide, la silice se sépare sous la forme d'une gelée blanche soluble dans environ 7000 fois son poids d'eau, mais qui perd sa solubilité par l'ébullition. Les cendres des herbes contiennent ordinairement beaucoup de silice combinée à la chaux et à la potasse.

Potasse. — La potasse, ou oxyde de potassium hydraté, n'est guère connue dans le commerce, où l'on vend sous son nom du carbonate potassique. On a du reste beaucoup de peine à la soustraire à l'action de l'acide carbonique. Pour l'obtenir, on fait bouillir du lait de chaux avec une solution de carbonate de potasse : une double décomposition a lieu, dont les produits sont du carbonate de chaux et de l'hydrate de potasse. On évapore à sec la solution de ce dernier et l'on fond dans un moule de fer.

L'hydrate de potasse est une substance d'un blanc grisâtre, dure, opaque, soluble dans la moitié de son poids d'eau, et qui se dissout aussi dans l'alcool et dans l'éther. Son odeur et sa saveur sont caractéristiques. Il détruit rapidement les substances organiques.

Les sols renferment de la potasse à divers états et on le retrouve dans beaucoup de roches. Les cendres du tabac et d'autres plantes en sont très-riches ; la laine des moutons en contient aussi beaucoup.

Carbonate de soude. — Ce composé s'obtient en

lavant les cendres du bois et en faisant bouillir la solution dans de grands pots en fer. Les Anglais prétendent à cette occasion que le nom même de l'alcali végétal vient de cette préparation : *Pot*, pot, et *ash*, cendres.

Dans les plantes, le potassium existe surtout en combinaison avec les acides organiques, comme l'acide tartrique, l'acide oxalique, etc., mais par la combustion de la matière végétale ces sels se transforment tous en *carbonate de potasse*. 1000 kilogrammes de bois de charpente fournissent de 2 à 4 kilogrammes de potasse.

Le sel qui nous occupe est cristallin et déliquescent. Par son odeur et sa saveur il ressemble, avec moins d'énergie, à la potasse elle-même. Il se dissout dans un peu plus que son poids d'eau froide et dans un peu moins que son poids d'eau bouillante, mais il ne se dissout pas dans l'alcool. A la chaleur rouge il entre en fusion et peut même se volatiliser à un point thermométrique plus élevé. Par conséquent, lorsqu'il s'agit d'analyser la cendre des plantes, il ne faut pas opérer la carbonisation à une trop forte chaleur.

Chlorure de Potassium. — On l'extrait de la cendre des plantes marines ou du minéral appelé kaïnite. Il cristallise en petits cubes dans 3 parties d'eau froide. Les eaux mères des marais salants en sont riches. Les cendres végétales peuvent renfermer jusqu'à 10 p. 100 de chlorure de potassium.

Soude. — La soude ressemble beaucoup à la potasse, mais n'a cependant pas des réactions aussi énergiques. On la prépare de la même manière, et sa consommation est très-considérable dans la fabrication du savon. On l'extrait aussi de la cendre de quelques plantes.

Chlorure de Sodium. — Le sel commun résulte de la combinaison du sodium avec le chlore. L'eau de mer renferme cette substance en quantité considérable et qui varie un peu suivant les points. L'Atlantique offre à cet égard une moyenne entre le golfe de Bothnie, dont l'eau est très-peu salée, et la mer Morte, qui est très riche en matière saline.

Le sel forme dans une foule de régions des couches très-épaisses que l'on exploite soit par des puits pleins d'eau, soit par des galeries de véritables mines.

Lithine. — La lithine, ou oxyde de lithine, est fort analogue par ses propriétés générales à la potasse et à la soude. Jusqu'à présent on n'a trouvé que des traces de lithine dans les cendres de végétaux.

Oxydes de Rubidium et de Cæsium. — Voici encore deux composés alcalins de la même famille que le précédent. On les a également recueillis, mais en quantité encore plus faible que la lithine, dans les cendres de plusieurs plantes, au premier rang desquelles il convient de citer la betterave.

Chaux. — La chaux pure dite *chaux vive* est une substance blanche tout à fait infusible. Mêlée à l'eau, elle dégage de la chaleur et forme un hydrate appelé *chaux éteinte.* 700 parties d'eau froide dissolvent une partie de chaux. Exposée à l'air, elle attire l'humidité, s'hydrate et tombe en poudre. 56 parties de chaux vive s'unissent ainsi à 18 parties d'eau pour donner un produit parfaitement sec. On dit que la chaux est une *terre alcaline*, parce que, comme la potasse et la soude, elle ramène au bleu le tournesol préalablement rougi. C'est une matière très-caustique qui agit sur les substances organiques comme la potasse, mais avec beaucoup moins d'énergie.

Carbonate de Chaux. — Ce sel se présente à son plus haut degré de pureté dans le spath d'Islande cristallisé en rhomboèdres et dans l'aragonite qui cristallise en prismes. Le marbre blanc a aussi la même composition. On trouve le carbonate de chaux ou calcaire dans beaucoup de plantes, dans les os des animaux, dans le test des mollusques et des polypiers, etc. On assure qu'on peut le fondre en vase clos, mais chauffé à l'air il dégage son acide carbonique et passe à l'état de chaux vive (fig. 19).

Fig. 19. — Cuisson du calcaire; préparation de la chaux.

Magnésie. — La magnésie, ou oxyde de magnésium, s'obtient en calcinant le carbonate magnésique. C'est une poudre blanche, insipide, inodore et infusible. Le carbonate de magnésie se présente dans la nature comme une roche blanche, associée au calcaire. L'analyse des sols le signale souvent. La chaux et la magnésie se rencontrent très-ordinairement dans les cendres des plantes combinées avec l'acide phosphorique ou à l'acide carbonique.

Oxydes de Fer. — L'oxyde ferrique ou sesquioxyde de fer Fe^2O^3 se trouve toujours en petite quantité dans les cendres végétales. C'est une substance d'un brun rougeâtre, bien connue à l'état d'hydrate sous le nom de *rouille*. Le protoxyde de fer FeO peut exister aussi dans les plantes, mais l'incinération le fait toujours passer à l'état de sesquioxyde.

Oxydes de Manganèse. — Il y a plusieurs oxydes de manganèse, mais on ne rencontre dans les plantes que l'oxyde manganoso-manganique correspondant à l'oxyde de fer dit *magnétique* et dont la formule est Mn^3O^4. C'est une substance d'un brun rougeâtre. Tous les autres oxydes de manganèse chauffés à l'air prennent cette composition.

CHAPITRE V.

STRUCTURE ET DÉVELOPPEMENT DES PLANTES.

Structure des Plantes. — C'est donc des substances décrites précédemment que les végétaux tirent les éléments variés qui les constituent et qu'on retrouve dans leurs cendres ou dans leurs produits volatils.

Une plante vivante jouit du pouvoir d'absorber ces corps composés, de les décomposer dans l'intérieur de ses vaisseaux variés et d'en recombiner diversement les éléments pour produire de nouvelles substances. Jetons un coup d'œil sur le merveilleux mécanisme par lequel ces opérations sont réalisées.

Une plante complète se compose essentiellement de trois parties : une racine qui envoie ses bras et ses fibres dans toutes les directions au travers du sol; une tige ou tronc qui se ramifie dans l'atmosphère; des feuilles qui, à l'extrémité des rameaux, couvrent une surface plus ou moins considérable. Chacune de ces parties a sa structure particulière et à chacune d'elles incombe une fonction spéciale.

Le tronc (fig. 20) de nos arbres les plus répandus

Fig 20. — Tronc du mélèze.

est composé de trois portions bien distinctes (fig. 21

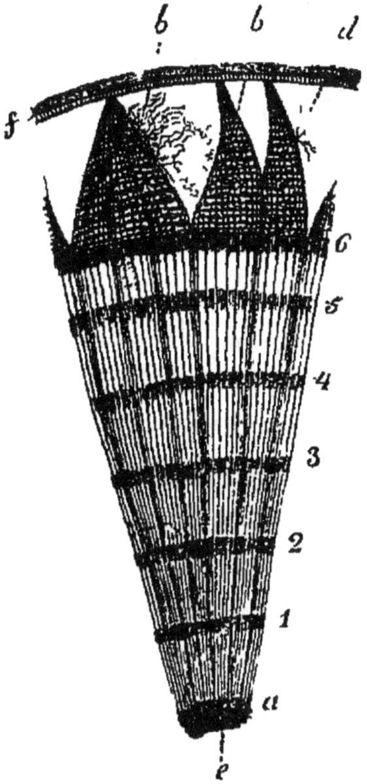

Fig. 21. — Coupe transversale d'une branche de tilleul.

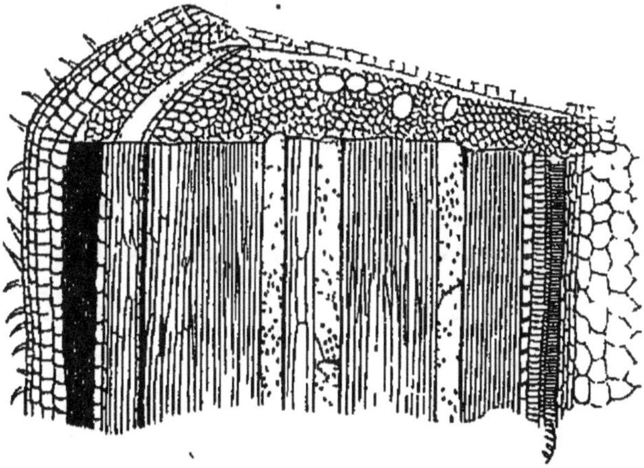

Fig. 22. — Portion de la même tige coupée dans sa longueur.

et 22): la *moelle* *e* au centre, le *bois* (de *a* à *f*)

autour d'elle et l'*écorce f* à la partie externe. La moelle, formée de petites cellules, paraît être en communication avec l'air par des rayons horizontaux appelés *médullaires* et qui traversent toute

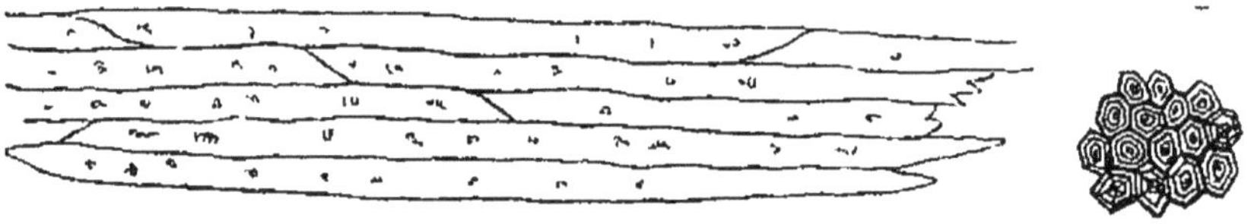

Fig. 23 et 24. — Fibres du bois.

l'épaisseur du bois. Celui-ci, de même que la partie interne de l'écorce, consiste en vaisseaux verticaux

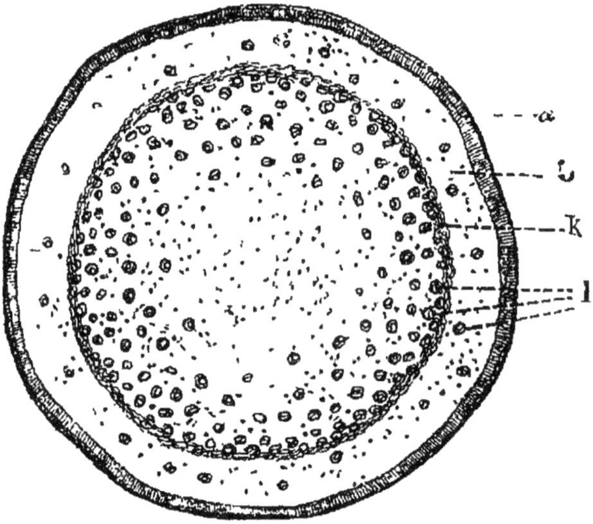

Fig 25 — Tige monocotylédone.

(fig. 23 et 24) dont le rôle est de permettre la circulation de liquides entre les feuilles et les racines, et réciproquement. Sur une section horizontale d'un tronc d'arbre on peut voir très-nettement l'ouverture de ces tubes (fig. 25 et 26). Une branche n'est autre chose qu'une prolongation du tronc et présente exactement la même structure.

La racine (fig. 27), vers le point où elle se rattache à la tige, a également une constitution fort analogue. Mais dès qu'elle s'enfonce dans le sol,

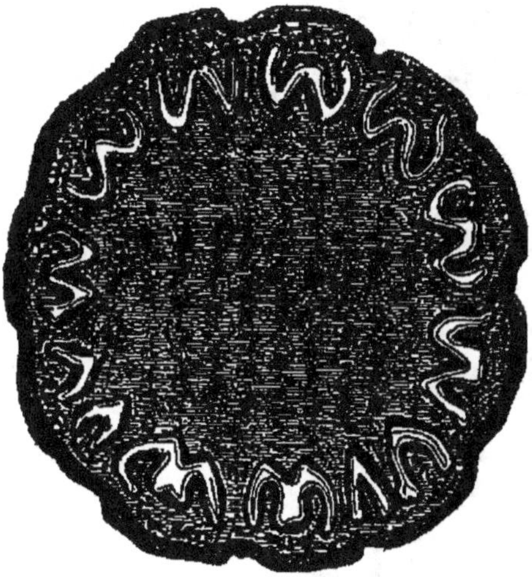

Fig. 26. — *Cyathea Mettenii*, Karst. — Coupe transversale du stipe (réduction au 1/8) d'après Karsten.

sa moelle disparaît soit peu à peu comme dans le noyer et le marronnier d'Inde, soit tout à coup, ce qui est le cas le plus fréquent. L'écorce aussi s'amincit et le bois devient plus tendre jusqu'à prendre une consistance spongieuse uniforme. Dans cette masse poreuse, les vaisseaux qui viennent de la tige se perdent, et établissent ainsi entre le sol

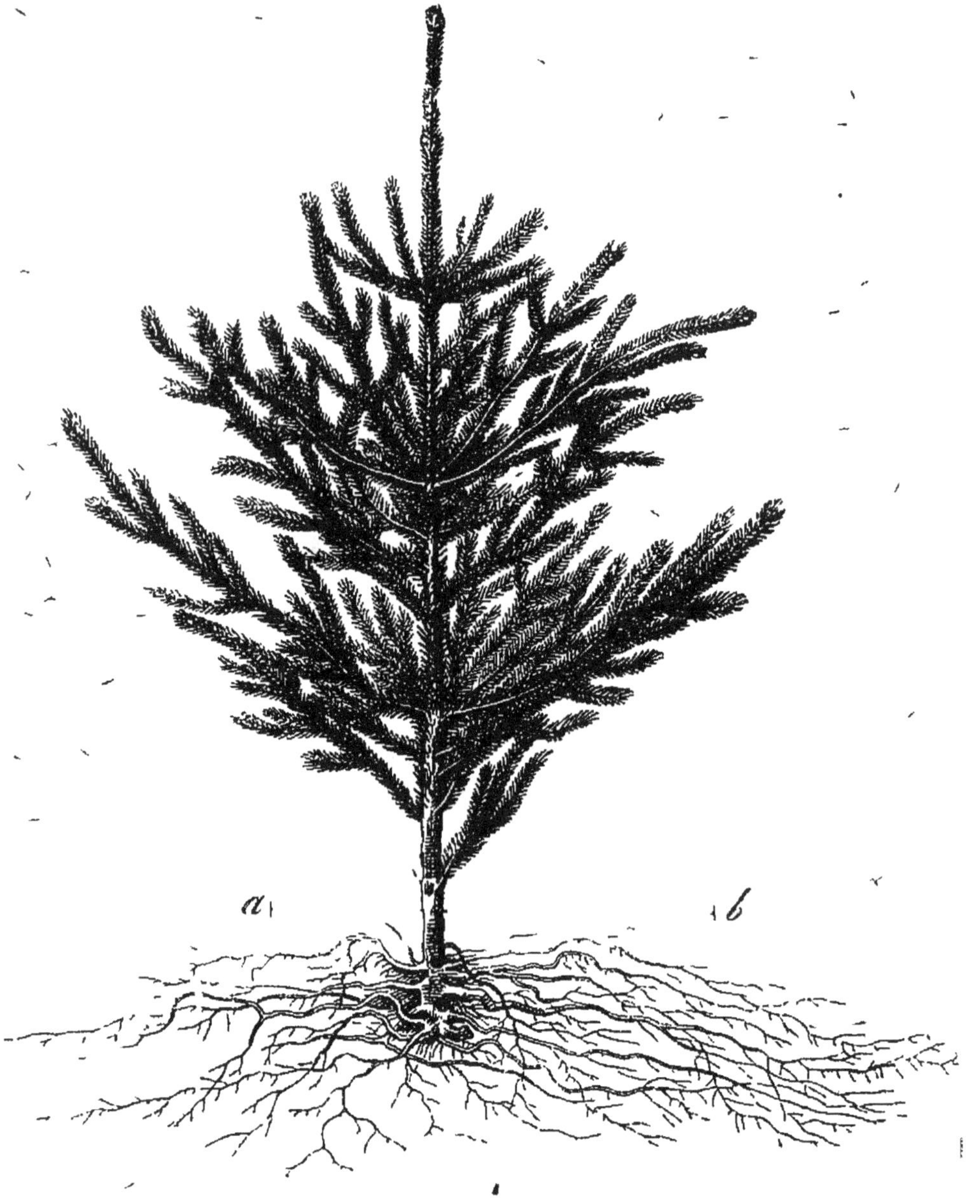

Fig. 27. — Racine d'arbre se ramifiant de plus en plus à partir du tronc jusqu'à sa réduction en fibrilles.

et les feuilles une intime et constante communication.

Fig. 28. — Feuilles d'aulne.

La feuille (fig. 28) est une expansion des rameaux.

Il suffit, pour s'en convaincre, d'examiner le mode de son développement dans le bourgeon (fig. 29 à 31). Les fibres qui s'y ramifient peuvent être regardées comme le prolongement des fibres du bois lui-même. La portion verte de la feuille est en quelque sorte la suite du tissu cellulaire de l'écorce sous une forme très-amincie et poreuse. Les pores

Fig. 29 à 31. — Développement de la feuille du tilleul dans le bourgeon.

des feuilles, appelés *stomates* (fig. 32 et 33), sont très-nombreux et constituent l'un des traits les plus caractéristiques de la constitution des feuilles. On a calculé qu'une feuille de lilas commun possède plus de 120,000 stomates sur un seul pouce carré de surface. Ces stomates sont en général plus nombreux à la portion inférieure des feuilles que sur l'autre face; mais c'est l'inverse que l'on observe chez les feuilles qui flottent sur l'eau.

Fonctions de la Racine. — La racine sert à fixer

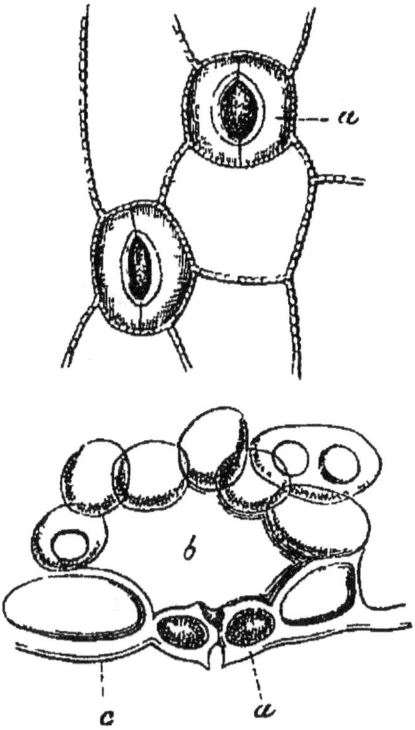

Fig. 32 et 33. — Épiderme de la face inférieure de la feuille de l'orchis vu d'en haut. — Montrant les stomates.

solidement la plante dans le sol et à lui conserver une position verticale. C'est aussi l'organe par lequel une très-grande partie de la nourriture des plantes est absorbée dans la terre. Pour beaucoup de végétaux la racine est un véritable magasin de nourriture destinée soit à la plante elle-même soit à ses rejetons.

Les racines envoient des fibres dans toutes les directions à la recherche de l'eau et des aliments liquides qui sont pompés par les spongioles et transportés dans les vaisseaux jusqu'à la partie la plus élevée des grands arbres. Chacun conçoit d'après cela le but qu'on se propose en fournissant des engrais liquides aux cultures.

Fonctions des Feuilles. — Les feuilles poursuivent dans l'air le même but que les racines dans le sol : la principale différence est qu'elles absorbent surtout des aliments gazeux au lieu d'en prendre de liquides. Pendant le jour, alors que le soleil brille, les feuilles vertes absorbent constamment de l'acide carbonique et exhalent de l'oxygène, de façon qu'en somme elles fixent le carbone de l'air. Quand vient la nuit, leur fonction est renversée ; elles se mettent à absorber de l'oxygène et à laisser exsuder de l'acide carbonique. Mais cette dernière opération est beaucoup moins active que la première, de telle sorte qu'au bout du compte les plantes, par le seul fait de leur croissance, fixent une grande quantité de carbone atmosphérique. Bien entendu, la somme de carbone fixé ainsi varie avec la saison, avec le climat et avec l'espèce de plante. La qualité du sol influe également sur l'énergie de cette fonction des feuilles. On estime qu'en moyenne de un tiers aux quatre cinquièmes du carbone des végétaux a été directement pris par eux à l'atmosphère.

On comprend, d'après cela, comment dans les régions arctiques où le soleil, une fois levé, ne se couche plus de l'été, une végétation luxuriante sort comme par enchantement du sol gelé. La feuille verte prend de plus en plus à l'air sans jamais rien perdre, puisque la nuit ne vient pas interrompre son œuvre.

La grande surface totale des feuilles des arbres se comprend aisément. On a vu quelle faible quantité d'acide carbonique est contenue dans l'air et l'on sait qu'il ne pourrait y en avoir davantage sans nuire à la santé des animaux. Mais pour s'emparer de cette petite dose il faut que les plantes tendent en quelque sorte des filets qui analysent toutes les parties de l'air : c'est pour cela que les arbres déploient ces centaines de mètres carrés de feuilles toujours avides dans l'air en mouvement. C'est par la collaboration toujours active de millions de stomates (fig. 34) que la substance ligneuse des vastes forêts est lentement extraite des flots aériens. Il faut ajouter que certaines plantes submergées, comme les charas (fig. 35), respirent l'air dissous dans l'eau et se comportent par conséquent de la même manière que les poissons.

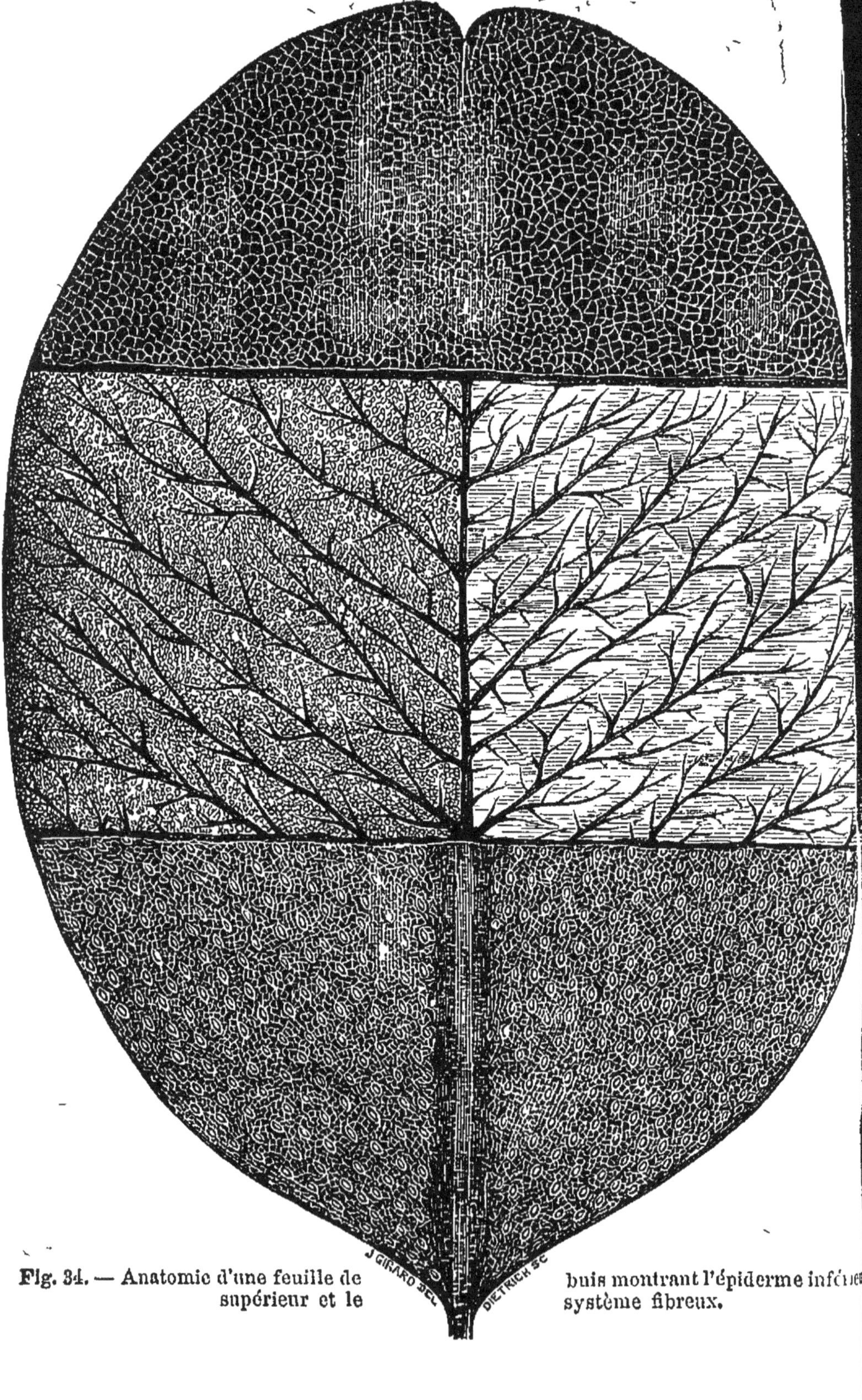

Fig. 34. — Anatomie d'une feuille de buis montrant l'épiderme infé[illegible] supérieur et le système fibreux.

Une autre grande fonction des feuilles consiste dans l'exhalation de la vapeur d'eau, et celle-ci est

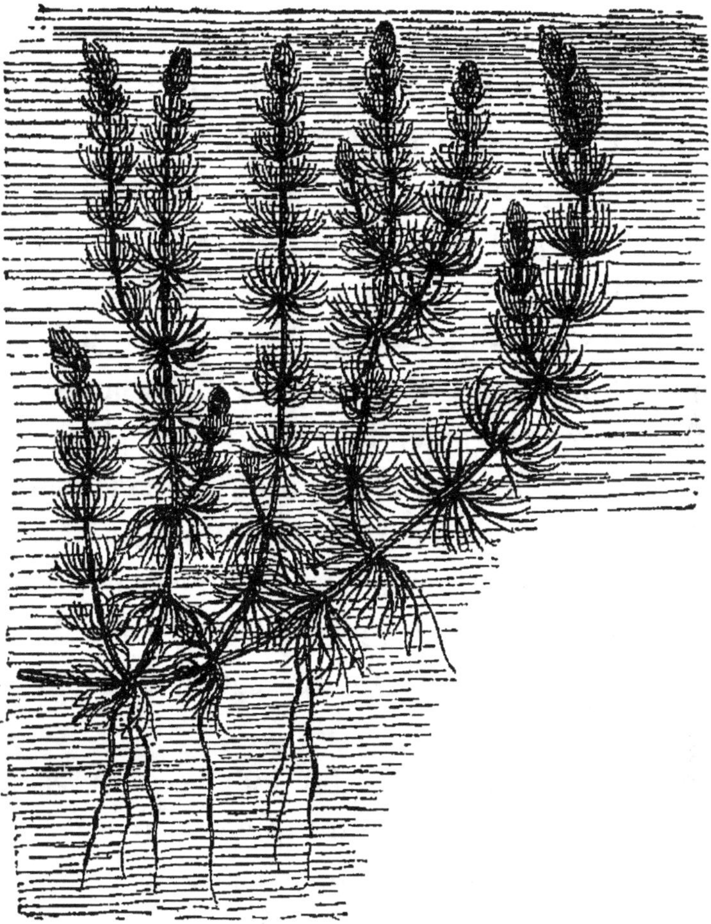

Fig. 35. — Chara.

si active que, d'après un calcul, un acre de terrain émet, pendant la durée de la croissance de la récolte qu'il porte, de trois à cinq millions de livres d'eau en vapeur.

Fonctions de la Tige. — La sève s'élève des racines par les vaisseaux de la tige ligneuse jusqu'à ce qu'elle se diffuse dans le tissu de la feuille par les vaisseaux ligneux que celle-ci contient. En route, la sève subit des modifications chimiques qui ne sont pas jusqu'à présent parfaitement connues. D'un autre côté les produits absorbés par les feuilles sont transportés jusqu'aux racines par des vaisseaux descendants placés à l'intérieur de l'écorce.

Tous les vaisseaux d'une plante sont normalement remplis de sève, et celle-ci est en mouvement continuel, ascendant dans le bois, descendant sous l'écorce. Au printemps et à l'automne le mouvement est plus rapide. En hiver il est quelquefois difficilement observable, et cependant on pense que la sève, à moins qu'elle ne soit gelée, n'est jamais absolument stationnaire dans aucune partie d'une plante.

La Cellule végétale. — Que l'on examine la tige, la racine ou les feuilles d'une plante, on reconnaît qu'en dernière analyse toutes les parties sont formées de petits sacs ou vésicules appelés *cellules*. On peut dire que les cellules sont aux corps organisés ce que les molécules sont aux matières minérales. De même que la plus petite portion qu'on puisse considérer de l'eau est une molécule, la plus petite portion d'une plante est une cellule. De même que la molécule est formée de matières indivisibles appelées *atomes,* la cellule résulte d'un principe plus élémentaire appelé *protoplasma.* C'est une sorte de mucilage parfois granulaire qui remplit les cellules et qui sans doute sert à l'édification de nouvelles cellules. On n'y voit d'ailleurs aucune trace d'organisation.

La cellule primitive des plantes est sphérique,

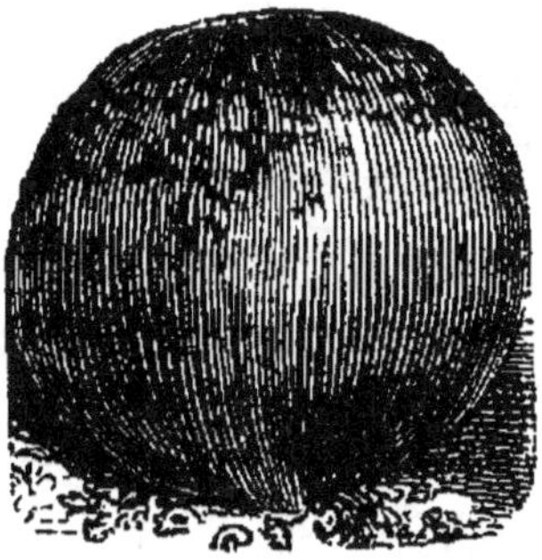

Fig. 36. — Lycoperdon.

mais diverses circonstances contribuent à modifier cette forme, qui varie dans les différents végétaux et même dans les différentes parties d'un végétal donné.

La paroi des cellules est élastique et perméable aux liquides et aux gaz; pourtant avec l'âge cette perméabilité va parfois en diminuant beaucoup. La matière qui forme cette paroi est connue sous le nom de *cellulose;* quant au contenu, il est formé de protoplasma, de chlorophylle et d'amidon. On y trouve aussi du sucre, des composés salins, des huiles, etc.

Le microscope permet d'y observer un ou plusieurs corps sphéroïdaux appelés *nucleus* ou *noyaux*.

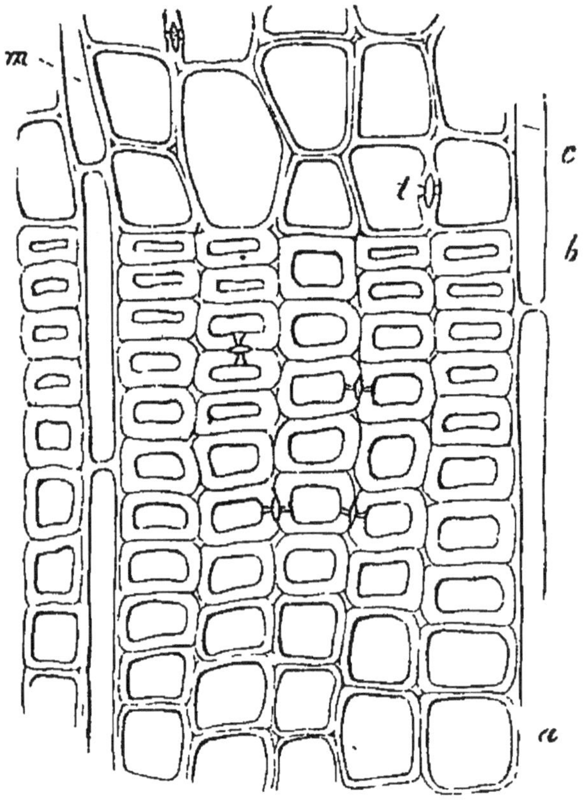

Fig. 37. — Tissu cellulaire.

Jamais le noyau ne se transforme en cellule, mais il joue un grand rôle dans la production de celles-ci : on le voit en effet se subdiviser, et le protoplasma constitue une paroi cellulaire autour de chacune de ses subdivisions, qui deviennent autant de nouveaux noyaux. La multiplication des cellules est parfois extrêmement rapide. Certains lycoperdons (fig. 36) en produisent de 300 à 400 millions en une heure.

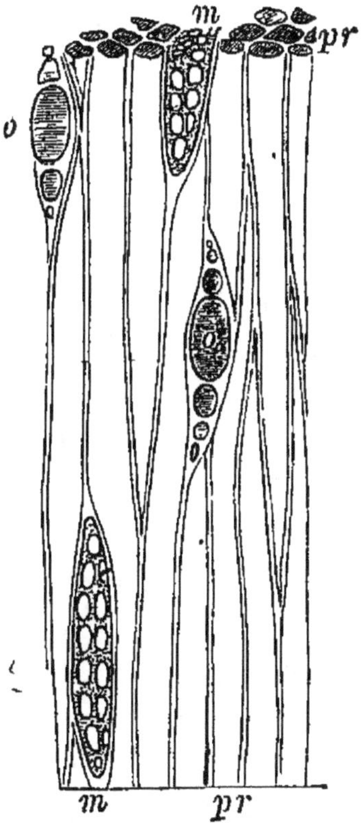

Fig. 38. — Tissu ligneux.

Tissu cellulaire. — On appelle ainsi les portions des plantes qui ne sont constituées que de cellules juxtaposées ; elles se nomment aussi *parenchyme*. Certaines plantes inférieures dites cellulaires, comme les algues et d'autres plantes marines, sont exclusivement formées de tissu cellulaire (fig. 37).

Tissu ligneux. — Celui-ci est composé de cellules allongées et grêles, s'atténuant en pointe à chaque extrémité. Ces cellules se recouvrent les unes les autres, formant des fibres ligneuses (fig. 38).

Tissu vasculaire. — Le tissu vasculaire (fig. 39) consiste en cellules associées bout à bout et qui, par la disposition des parois qui les séparaient transversalement, se sont transformées en longs tubes ou vaisseaux. Les vaisseaux offrent souvent des caractères variables suivant les cas. Il en est qu'on appelle *spiraux*, parce qu'on peut les réduire en une lanière enroulée normalement en hélice dans

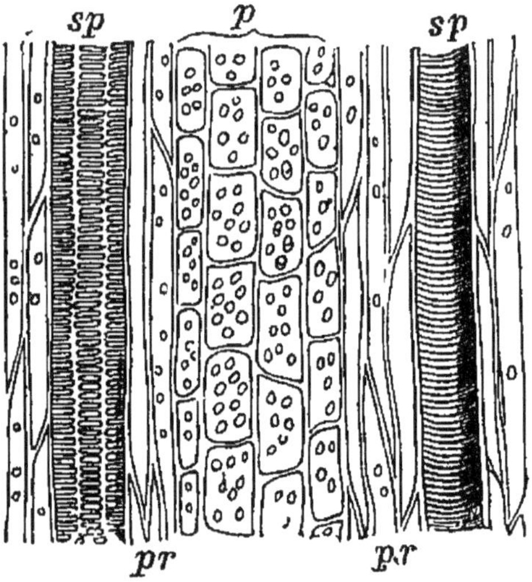

Fig. 39. — Tissu vasculaire. Fig. 40 — Vaisseau ponctué.

toute leur longueur. D'autres présentent une foule de pores qui leur ont valu le nom de vaisseaux *ponctués* (fig. 40). Nous citerons aussi les vaisseaux *propres* ou *lactifères* qui charrient des liquides laiteux dits *latex*, au nombre desquels est le caoutchouc.

CHAPITRE VI.

LES PRINCIPES IMMÉDIATS DES PLANTES.

Les plantes renferment un grand nombre de composés chimiques, qui cependant peuvent se classer tous en trois groupes, relatifs :

1° Aux matières azotées ;

2° Aux matières non azotées (les sucres, les corps pectosiques, etc.) ;

3° Aux matières grasses.

Lorsque le grain est soumis à l'action de la meule il donne tout d'abord deux produits : le son et la farine. Le premier est essentiellement ligneux et ressemble beaucoup à la paille. Quant à la farine, si, comme nous le dirons plus loin, on en pétrit une petite pelote sous un filet d'eau (fig. 44, p. 86), on reconnait qu'elle se scinde en deux corps bien différents : une poudre blanche que l'eau entraîne et qui est de l'amidon, et un corps élastique qui reste entre les doigts et qui est du gluten. Ces substances variées existent dans le grain.

De même du maïs, de la graine de lin, des noix, etc., broyés, donnent à l'alcool bouillant une

Fig. 41. — Récolte des pommes.

quantité notable d'huile ou d'autres corps gras, tels que de la cire ou de la résine.

Fig. 42. — Érable à sucre.

On voit donc par ces exemples que la semence des plantes fournit quatre sortes de matières : la substance ligneuse qui l'enveloppe, l'amidon, le gluten et la graisse. La quantité relative de ces substances varie d'une graine à l'autre, mais ordinairement la graisse fait partie de la région externe, l'amidon abonde dans le cotylédon et le gluten dans le germe.

Nous allons rapidement décrire les principales propriétés de ces différentes substances.

Matières sucrées et cellulosiques. — Le *sucre de canne* que l'on tire principalement de la canne et de la betterave, mais qui existe aussi dans la tige du maïs, dans les noix de coco, les châtaignes, les pommes (fig. 41), les carottes, les citrouilles, dans la sève du palmier, de l'érable (fig. 42), du bouleau, dans les melons, les patates douces, les ananas, etc., cristallise en prismes rhomboïdaux hémiédriques; sa densité est 1,60; il est incolore, inodore et transparent; c'est ainsi qu'il se présente lorsqu'il porte le nom de *sucre candi*. Le sucre en pain est formé de petits cristaux agglomérés, dont il ne serait pas aisé de démêler la forme. Soumis au choc ou à la friction, il devient phosphorescent.

On appelle *glucose* plusieurs espèces de sucre se ressemblant beaucoup entre elles, mais différant un peu dans leur constitution, comme le montre leur action sur la lumière polarisée.

Le *sucre de fruit* ou *sucre incristallisable* est

une matière sucrée liquide qui existe dans les sucs acides des végétaux et principalement dans les fruits.

Le *sucre de lait* a la même composition que le sucre incristallisable et le glucose fondu ; il en diffère par plusieurs caractères parfaitement tranchés. On le prépare en évaporant le sérum de lait ordinaire. On le trouve dans le commerce sous la forme de grappes grenues ; il cristallise en prismes incolores à quatre faces, terminés par des sommets à quatre faces.

Le sucre de lait est soluble dans 6 parties d'eau froide et dans 2 parties d'eau bouillante ; il ne se dissout ni dans l'alcool ni dans l'éther.

La *cellulose* est la trame du tissu solide des végétaux débarrassée de ce qui lui est étranger ; elle est blanche, diaphane, insoluble dans l'eau, l'alcool, l'éther, les essences, les huiles ; elle est soluble dans le réactif de Schweitzer, d'où elle est précipitée par l'acide chlorhydrique, par les dissolutions de sel marin, de miel, de gomme, de dextrine, et par l'alcool. L'eau acidulée par les acides chlorhydrique ou sulfurique agit sur la cellulose à l'aide d'une ébullition prolongée et la transforme en glucose.

Gommes. — Toutes les gommes, bien que présentant entre elles certaines différences, ont la propriété de donner naissance à un même acide, l'acide mucique, lorsqu'elles sont soumises à l'action de l'acide azotique. C'est ce qui les caractérise et les distingue des substances avec lesquelles elles pourraient être confondues par leur composition et souvent même par leur aspect.

Il y a trois espèces de gommes :

L'*arabine*, qui provient de l'*Acacia arabica* ou de l'*Acacia senegalensis*, et qui est connue sous le nom de *gomme arabique;* la *cérasine*, que l'on trouve sur nos arbres fruitiers et qu'on appelle *gomme du pays;* la *bassorine* ou *gomme adragante*, qu'exsudent certains *Astragales* et qui nous arrive de Bassora.

La gomme arabique se présente en petites masses arrondies, translucides, souvent jaunâtres, à cassure conchoïde et vitreuse, d'une saveur douceâtre; elle se dissout en toutes proportions dans l'eau, à laquelle elle communique la consistance mucilagineuse ; elle est insoluble dans l'alcool et dans l'éther.

La dissolution de gomme arabique, mise en contact avec le sous-acétate de plomb, donne naissance à un précipité abondant; avec le persulfate de fer elle produit un coagulum de couleur orange, soluble dans les acides libres; cette réaction sert à la distinguer des autres gommes.

Le *cérasine* ne se dissout qu'incomplètement dans l'eau. La partie non dissoute se gonfle; la partie dissoute n'est pas coagulée par le persulfate de fer, mais elle acquiert cette propriété par l'ébullition; elle est alors transformée en arabine.

La *bassorine* a la forme de petites lanières blanches contournées. Elle se gonfle dans l'eau sans s'y dissoudre et se transforme en arabine par suite d'une longue ébullition. L'arabine chauffée à 150 degrés se transforme en bassorine.

Souvent la gomme adragante bleuit par l'iode, parce qu'elle renferme un peu d'amidon.

Enfin, d'après les travaux de M. Fremy, l'*arabine* est du gummate de chaux, la *cérasine* du métagummate de chaux, et la *bassorine* un isomère du métagummate de chaux.

Corps pectosiques. — Dans beaucoup de fruits et de racines il y a une substance qui fait que leur jus se prend en gelée. La matière à laquelle cette propriété est due est appelée *pectose;* sa composition est inconnue, car on ne peut pas la séparer de la cellulose des racines et des fruits sans changer sa nature; elle est insoluble dans l'eau, dans l'alcool et dans l'éther; sous l'influence des acides ou des ferments, la pectose se transforme en pectine, qui est soluble dans l'eau. La pectine est capable d'entrer en fermentation par l'action de la pectose, qui est normalement présente dans le jus des fruits et se transforme alors en acide pectique et en acide pectosique. Ces acides existent tout formés dans les fruits et dans les racines. En faisant longtemps bouillir dans l'eau la gelée végétale, on produit l'acide parapectique. Traité par les alcalis, celui-ci se convertit en acide métapectique. Il y a quelque incertitude sur la composition de plusieurs des corps pectosiques ; cependant les formules suivantes sont probablement très-près de la vérité.

Composition des corps pectosiques.

Pectine, $C^{32}H^{48}O^{32}$.
Acide pectosique, $C^{32}H^{46}O^{31}$.
Acide pectique, $C^{16}H^{22}O^{15}$.
Acide métapectique, $C^{8}H^{14}O^{9}$.
Acide parapectique, $C^{24}H^{30}O^{23}$.

Les corps pectosiques peuvent se transformer en cellulose, et la cellulose probablement en composés pectosiques. Sans doute les propriétés nutritives des corps pectosiques sont sensiblement égales à celles de l'amidon.

Matières grasses. — On appelle *matières grasses* les substances neutres, insolubles dans l'eau, onctueuses au toucher, tachant le papier, inflammables à une température élevée et susceptibles de se saponifier plus ou moins facilement. Les corps gras dont la saponification est facile produisent pendant ce phénomène de la glycérine ; ceux qui ne se laissent saponifier que difficilement engendrent par la saponification un corps différent de la glycérine mais qui paraît en jouer le rôle chimique. La glycérine que l'on extrait des eaux qui ont servi à la saponification des corps gras et à laquelle, lors de sa découverte en 1779, on donna le nom de *principe doux des huiles*, est un liquide sirupeux, incolore, incristallisable, inodore et franchement sucré. Elle est soluble en toute proportion dans l'eau et l'alcool, et ne l'est point dans l'éther.

Dans les corps gras de la première classe se rangent les matières appelées vulgairement les *huiles*, les *vraies graisses*, ou les *suifs* et les *beurres*.

L'*huile* dont le type est l'huile d'olive, fournie comme on sait par le fruit de l'olivier (fig. 43) n'est autre chose que la dissolution d'une substance grasse solide dans une autre substance grasse liquide : on le reconnaît facilement en exposant l'huile d'olive, par exemple, à une basse température; la masse se remplit de lamelles nacrées, que l'on peut séparer par décantation ou par filtration au travers d'une toile.

On appelle *oléine* le principe liquide de l'huile ; *margarine*, le principe solide, bien qu'il soit mêlé avec de la *palmitine*. Sur 100 parties d'huile, il y a 72 parties du premier et 28 du second.

Fig. 43. — Branche de l'olivier cultivé.

La *margarine*, dont le nom vient de son aspect perlé, fond entre 47 et 49 degrés, selon sa provenance, et même à 60 degrés, si elle a été préparée artificiellement. Elle a toutes les propriétés communes aux corps gras et est facilement soluble dans l'éther froid. Quant à l'*oléine*, on n'a pu jusqu'à présent l'obtenir pure, par conséquent sa véritable composition n'est pas encore connue. Cependant, comme par saponification elle se dédouble en glycérine et en acide oléique, on ne peut pas douter que sa constitution chimique ne soit la même que celle de la margarine. Les huiles exposées à l'air sont *siccatives* ou *non siccatives*, selon qu'elles s'épaississent au point de sécher, ou rancissent sans s'épaissir.

Sous le nom de *suif* on désigne particulièrement la *graisse des herbivores*. C'est cette substance qui sera pour nous le type des graisses.

Presque tous les suifs fondent environ à 38 degrés; soumis à la saponification, ils donnent d'une part de la glycérine et d'autre part, trois sels alcalins; deux de ces sels renferment les acides des huiles, l'*acide oléique* et l'*acide margarique;* le troisième renferme l'*acide stéarique*. Donc, trois principes immédiats dans les huiles : la *margarine*, la *stéarine* et l'*oléine*.

L'*acide stéarique* cristallise par fusion en aiguilles brillantes, solubles en toutes proportions dans l'alcool et dans l'éther. Il fond à 70 degrés, répand des vapeurs à 300 degrés et distille en produisant de l'eau, de l'acide carbonique, un hydrogène carboné et de la *stéarone*.

La fabrication de la bougie stéarique est fondée sur la saponification du suif de bœuf. Les acides stéarique et margarique qui en résultent ont des qualités et un point de fusion approchant de celui de la cire.

Le procédé pour préparer la bougie stéarique se résume en quatre opérations : la saponification du suif à l'aide de la chaux ; la décomposition du savon calcaire ; la séparation des acides gras, et le coulage. Depuis peu de temps on emploie aussi la méthode dite de *saponification sulfurique* due à M. Frémy.

Les beurres sont des corps gras très-complexes ; ils résultent du mélange de plusieurs matières neutres ; outre la *margarine*, ils renferment pour la plus grande partie de l'*oléobutyrine*, et quelque peu de *butyrine*, de *caprine* et de *caproïne*.

Les corps gras à saponification difficile sont moins nombreux que les premiers ; ils comprennent le *blanc de baleine* et *quelques cires*.

Le blanc de baleine est une huile remplissant les vastes cavités de la tête du cachalot et tenant en dissolution une matière grasse qui, après la mort de l'animal, se sépare sous forme cristalline. Purifiée, cette substance porte le nom de *cétine* et présente alors une texture cristalline et un aspect blanc. On ne la saponifie aisément qu'en la fondant avec de la potasse en poudre.

Les cires sont des substances douées de fixité, d'insolubilité dans l'eau, de fusibilité, qui proviennent pour la plupart du règne végétal; quelques-unes, en petit nombre, sont élaborées par certains insectes.

Nous citerons parmi les cires, la cire commune qui provient des abeilles; la cire de Chine, fournie par un autre hyménoptère; la cire de myrica, la cire d'aucuba, la cire de palmier, la cérosie, qui vient de la canne à sucre, etc.

Par l'alcool bouillant, on peut séparer la cire en trois matières bien distinctes : la *cérine*, la *céroléine* et la *myricine*.

Disons en terminant qu'une des applications les plus anciennes et les plus importantes des corps gras est la fabrication des savons. Les savons sont des sels à acides gras.

Matières protéiques. — Les matières protéiques se trouvent dans les graines.

Si l'on soumet à un filet d'eau une pâte assez consistante préparée avec de la farine de blé et qu'on la pétrisse continuellement (fig. 44), tout l'amidon sera entraîné dans l'eau et il restera du *gluten* dans les mains, matière plastique grisâtre qui, exposée à 200 degrés, se gonfle et se boursoufle, en répandant l'odeur des matières animales. Ce n'est autre chose qu'un assemblage de différentes matières albuminoides. L'eau qui a entraîné l'amidon renferme

Fig. 44 — Préparation du gluten par le lavage de la pâte de farine, par un filet d'eau

également une matière qui possède presque toutes les qualités du *blanc d'œuf*.

Le gluten, soumis à l'action de l'alcool bouillant, lui abandonne plusieurs substances, et ce qui en reste a la composition et les propriétés de la *fibre animale*. L'alcool, en se refroidissant, laisse déposer une matière blanchâtre ayant les caractères de la *caséine* et retient en dissolution la *glutine* qui, séparée de la *graisse*, dont elle est toujours accompagnée, présente la même composition que l'albumine. Donc, les matières protéiques ou albuminoïdes sont : la *fibrine*, l'*albumine*, la *caséine* et la *glutine*. A ces quatre corps on peut ajouter l'*amandine* et la *légumine*, la première tirée de l'amande de toutes les rosacées, la seconde de la graine des pois et des haricots. A cette occasion il faut remarquer

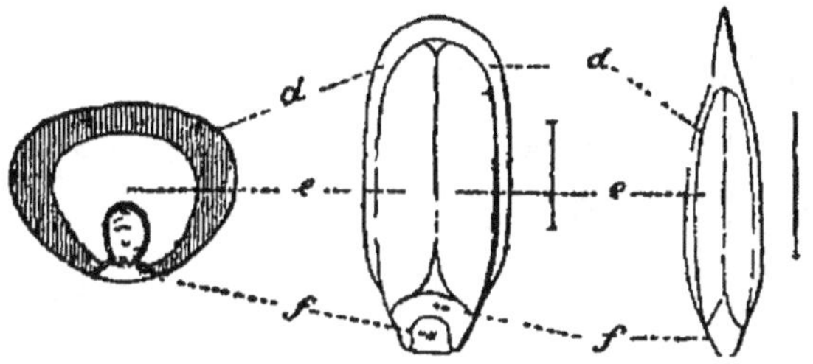

Fig. 45. — Situation relative de la matière grasse, de la matière cellulosique et de la matière albuminoïde dans les grains du maïs, du froment et de l'orge.

que les principes immédiats des graines occupent en général, dans tous les cas, les mêmes situations relatives. La figure 45 indique par le maïs, le froment et l'orge, la situation de la matière grasse (*a*), de l'amidon (*b*) et du gluten (*c*).

La fibrine, l'albumine et la caséine forment les parties essentielles des animaux ; la glutine, ainsi que l'amandine et la légumine, ne se rencontrent que dans les végétaux. La glutine est soluble dans l'alcool froid ; elle est à peine connue, car on ne l'a rencontrée jusqu'à présent qu'en très-petite quantité dans la farine de froment. L'amandine et la légumine, qui ont la même composition, sont insolubles dans l'alcool et dans l'éther.

Gélatine. — Il y a deux variétés de *gélatine*, dont l'une porte le nom de *chondrine*. La gélatine proprement dite est préparée avec la peau, les tendons, les ligaments, le tissu cellulaire et les membranes séreuses. La chondrine est tirée des cartilages permanents, tels que ceux des côtes, des articulations, des bronches et du nez.

Ces deux substances n'existent pas toutes formées dans les animaux; elles sont le produit de l'altération que certaines parties des animaux mêmes éprouvent sous l'action prolongée de l'eau bouillante.

La gélatine se prépare dans la marmite de Papin.

CHAPITRE VII.

COMPOSITION DES SOLS.

On appelle *sols* la partie la plus superficielle de la croûte terrestre, qui est adaptée d'une manière spéciale au développement de la vie végétale. On y distingue deux portions principales : l'une *organique*, que la calcination brûle et fait disparaître, et l'autre *inorganique*, que le feu n'altère pas et qui consiste en matières salines et terreuses.

La *partie organique des sols* dérive des végétaux dont les débris, après leur mort, sont enfouis dans la terre, soit naturellement par le jeu des forces du globe, soit artificiellement pour les besoins de l'agriculture. Sa quantité varie beaucoup d'un sol à un autre. Dans les terrains appelés tourbeux, elle forme de 50 à 70 p. 100 du poids total ; mais dans la plupart des sols elle ne représente que 2 à 5 p. 100.

La *partie inorganique* des sols est extrêmement complexe. Elle provient de la démolition des roches sous-jacentes et aussi des apports réalisés par les eaux courantes et même par les vents. La décomposition est en général commencée par les végétaux inférieurs, tels que les lichens (fig. 46) qui trouvent à vivre sur les rocs les plus nus (fig. 47). La mer (fig. 48) et les glaciers (fig. 49) sont aussi des agents extrêmement efficaces de démolition des

Fig 46. — Lichen de Laponie.

rochers. Dans les terrains bien constitués on peut dire que la partie inorganique comprend trois substances tout à fait principales : l'argile, le sable et le calcaire.

L'*examen chimique de la terre arable* a été longtemps négligé, les propriétés physiques étant seules considérées comme exerçant sur la végétation une influence décisive. Aujourd'hui il ne viendrait à l'esprit d'aucun agronome de nier le rôle, prépondérant dans certains cas, manifeste dans tous, de la

Fig. 47. — Rocs nus.

nature chimique du sol sur la production des végétaux, et partant sur les récoltes.

En effet, l'analyse d'une terre peut renséigner très-utilement sur les points suivants :

Fig. 48. — Démolition de roches par la mer.

1° Quantité relative des principes assimilables et composition de la réserve du sol ;

Fig. 49. — Cirque de Gavarnie. — Démolition de roches par les glaciers.

2° Détermination des éléments nutritifs manquant dans le sol ; nature des aliments à introduire (engrais et amendements) ;

3° Causes prochaines de la stérilité des terres arables : d'une façon absolue ou relativement à telle ou telle récolte.

Le chimiste que l'on consulte sur la nature d'une terre arable doit procéder à trois sortes de déterminations dont l'ensemble fournit, sur la valeur agricole de cette terre, des données suffisantes pour guider le cultivateur, savoir :

1° Analyse mécanique du sol;

2° Analyse physico-chimique;

3° Analyse chimique de la terre fine.

Pour ce qui est de la prise des échantillons, le chimiste doit considérer deux cas pour un même champ : 1° cas d'un sol homogène; 2° cas d'un sol variable dans son aspect et dans sa composition.

1° Si le sol est homogène, s'il appartient dans toute l'étendue du champ à la même formation géologique, il suffira de prélever un échantillon moyen en observant exactement certaines précautions indispensables ;

2° Si le sol présente, en ce qui concerne la constitution géologique, sa fertilité ou son aspect physique, des parties très-différentes, il sera bon, dans le cas d'une étude complète à faire, de prélever dans chacune de ces différentes parties des échantillons spéciaux.

Il faut ensuite examiner l'indication de la nature

géologique du sol, la nature des couches profondes, l'altitude moyenne du champ, son orientation, les pentes naturelles du sol avec leur orientation; puis il faut indiquer si le champ est drainé et dans quelles conditions, s'il est irrigué et s'il peut l'être; la nature des eaux du pays; la profondeur moyenne des labours, la nature physique apparente du sol. Les données météorologiques ne doivent pas être négligées. Enfin, s'occuper de la nature et de la quantité des fumures reçues par le champ pendant la période de la rotation; de la nature de l'assolement et de celle des récoltes.

Pour procéder à l'analyse mécanique du sol, il faut prélever sur place deux échantillons de vase dont l'un, renfermé immédiatement dans un sol étanche, sera expédié tel quel, l'autre étant préalablement séché à l'air libre, ou mieux, sur la tôle tiède d'un four.

Avant d'effectuer aucune détermination sur le sol envoyé au laboratoire, on prélève dans le flacon de terre non desséché un échantillon de 100 à 150 grammes, qui servira à déterminer le taux pour cent d'humidité du sol naturel par dessiccation dans l'étuve chauffée à 150 degrés.

Le reste du contenu du flacon sera versé sur la table et on l'émiettera avec la main. Le sol ainsi divisé sera abandonné à l'air libre et remué de temps en temps; et lorsqu'il aura perdu la plus grande partie de son eau hygrométrique on procédera à la détermination du poids d'un litre.

Toutes choses égales d'ailleurs, un sol est d'autant plus fécond que les éléments nutritifs qu'il renferme (KO, CaO, Az, PhO^5) s'y trouvent à un état de dissémination physique plus considérable. Il importe donc de déterminer avec exactitude les proportions relatives de cailloux, fragments de roches, gravier de finesses diverses, que renferment les sols soumis à l'analyse.

L'analyse physico-chimique constitue l'une des déterminations les plus importantes sous le rapport des indications à fournir à l'agriculture sur la nature de ses terres. On a proposé jusqu'ici beaucoup de procédés pour effectuer cette analyse; mais celui de M. Th. Schlœsing fournit seul des indications exactes. Elle a pour but de doser directement et par pesées:

1° Le sable insoluble dans les acides;

2° L'argile;

3° La matière noire (humus);

4° Par différence, le calcaire.

Mais l'analyse physico-chimique ne suffit pas à faire connaître la composition d'un sol, sa teneur en principes minéraux immédiatement assimilables, la richesse de sa réserve en éléments inorganiques; la détermination de ces divers coefficients exige l'analyse chimique. Les matières qu'on a coutume de doser par exemple à la station de l'Est sont, d'après M. Grandeau : 1° la matière noire et sa teneur en principes minéraux, notamment en acide phosphorique ; 2° l'acide phosphorique total ; 3° la potasse ; 4° la chaux ; 5° la magnésie ; 6° l'alumine et le fer ; 7° le chlore ; 8° l'acide sulfurique ; 9° l'acide nitrique ; 10° l'ammoniaque ; 11° l'azote total.

Sous le rapport chimique, la fertilité d'un sol dépend de deux conditions fondamentales : 1° de sa richesse en principes nutritifs immédiatement assimilables ; 2° de sa richesse en principes nutritifs destinés à devenir assimilables, au bout d'un certain temps seulement, sous l'influence de l'air, du soleil, des eaux, des labours, etc.

Il importe donc de distinguer, autant que le permet l'état actuel de la science analytique, les éléments minéraux immédiatement assimilables, les mêmes éléments existant dans le sol à l'état de réserve et sur lesquels, par conséquent, le cultivateur ne peut pas actuellement compter pour les récoltes prochaines. L'analyse d'un sol, faite selon les méthodes applicables à la détermination de la composition chimique d'une roche ou de tout autre minéral, c'est-à-dire ne tenant pas compte de l'état d'assimilabilité des éléments du sol, n'aurait pour le cultivateur qu'un intérêt secondaire ; si, au contraire, le chimiste, par une sorte d'analyse immédiate du sol, peut renseigner approximativement l'agriculteur sur les poids d'acide phosphorique, de potasse, de chaux et de magnésie que la terre met actuellement à la disposition des végétaux, il lui rendra un grand service et lui permettra de choisir au mieux les engrais et les amendements. Pour arriver à la connaissance de la constitution chimique d'un sol, le chimiste aura donc à effectuer les opérations suivantes :

1° Analyse physico-chimique ;

2° Dosage de l'acide phosphorique total ;

3° Dosage de l'acide phosphorique combiné à la matière noire ;

4° Dosage de la chaux ;

5° Dosage de la magnésie ;

6° Dosage de la potasse ;

7° Dosage de l'azote sous ses trois formes.

Ce sont des sujets qu'on trouvera exposés dans des traités spéciaux et sur lesquels il est impossible de nous arrêter ici.

CHAPITRE VIII.

ORIGINE ET CLASSIFICATION DES SOLS.

On reconnaît deux sortes de sols : les sols produits sur place et les sols dus au transport, par les eaux, de matériaux triturés et disloqués.

Les *sols formés sur place* se reconnaissent à l'analogie qu'ils présentent avec la roche sous-jacente. Toutefois ils ne sont pas identiques avec elle, puisque, par le lavage des eaux pluviales, pendant la suite des siècles, ils ont pu être privés de plusieurs des éléments qu'on devrait y retrouver. D'un autre côté, les eaux ont pu introduire des substances nouvelles, principalement dans le sous-sol. C'est ainsi que l'on explique les concrétions ferrugineuses de certains terrains, et, en particulier, l'alios des Landes, constitué par un ciment à la fois organique et ferrugineux. Il suit également de là que le sous-sol a pu à la longue s'enrichir aux dépens de la terre superficielle.

Les sols formés sur place se rencontrent nécessairement à tous les étages géologiques, et on leur donne le nom des terrains qui les ont produits. Ainsi l'on dit sol granitique, porphyrique, basaltique, crétacé, etc.

Ces considérations géologiques sont très-importantes ; elles permettent de devancer l'analyse chimique et de prévoir quelles sont les substances utiles aux plantes que l'on peut rencontrer dans le sol et le sous-sol.

Les *terrains de transport* se remarquent d'abord le long des fleuves et des rivières. Quand ils sont à un niveau peu supérieur aux cours d'eau, ils sont le résultat des sédiments déposés par les crues de l'époque actuelle ; aussi les appelle-t-on *alluvions modernes;* ce sont des alluvions anciennes lorsqu'elles dépassent la hauteur qui peut être atteinte même lors des débordements les plus désastreux.

Ce mode de formation a donné naissance à des terres présentant la même physionomie générale sur une grande surface, mais dont les propriétés agricoles varient beaucoup d'un point à un autre. C'est dans cette catégorie que l'on rencontre les sols les plus fertiles, parce qu'ils présentent un mélange complexe renfermant toutes les substances utiles aux plantes.

Au bas de toutes les collines existent des terrains provenant, soit de l'éboulement, soit de l'entraînement par les eaux des terrains supérieurs. On peut utiliser ce procédé naturel pour améliorer certains sols. A cet effet on ameublit, soit par le labour, soit avec la pioche, le flanc des collines ; les eaux transportent les débris et les conduisent au moyen de canaux sur les points que l'on veut amender ; c'est cette opération que l'on nomme *colmatage*.

Pour les sols, à défaut de classification naturelle, on fait usage de *classifications artificielles*, fondées à la fois sur la grosseur et la nature des éléments minéralogiques constituants.

On divise alors les sols arables en quatre groupes :

1° Les sols sablonneux ;

2° Les sols argileux ;

3° Les sols calcaires ;

4° Les sols humifères.

En outre, une terre étant rarement composée d'un seul élément, on la désigne par le nom des principaux éléments constituants, en ayant soin de placer le premier celui qui domine. D'après cela, les dénominations de sols sablo-argileux, argilo-siliceux, sablo-ferrugineux, etc., seront facilement comprises.

CHAPITRE IX.

LES TERRAINS ET LEURS SUBDIVISIONS.

Les milliers de couches rocheuses qui constituent le sol dans toutes les régions du globe ont été réparties par les géologues en trois grandes divisions. Les *terrains primaires* sont les plus anciens et en général ceux qui occupent les niveaux les plus bas; les *terrains secondaires* leur sont superposés, et les *terrains tertiaires* couronnent l'ensemble, recouverts cependant par places par des dépôts peu épais de cailloux, de sables et d'argiles, réunis sous le nom de *terrains quaternaires*, et dont nous pouvons faire abstraction.

Ces divers grands groupes de couches sont eux-mêmes subdivisés en systèmes et en formations dont chacun présente des caractères particuliers dont l'agriculture tire souvent un grand parti. Indiquons-les brièvement.

Les Terrains tertiaires. — Les terrains tertiaires couvrent en France une étendue considérable : 15,500,000 hectares, c'est-à-dire le tiers de sa superficie ; il ne faudrait pas en conclure qu'ils ont été aussi puissants que les terrains secondaires et de transition ; seulement, comme ils ont été produits les derniers, ils recouvrent les terrains précédents et se présentent fréquemment tout d'abord à nos observations.

On divise les terrains tertiaires en trois formations :

1° La formation inférieure ou éocène ;

2° La formation moyenne ou miocène ;

3° La formation supérieure ou pliocène.

Dans la période éocène, on voit d'abord se déposer la formation nummulitique ou épicrétacée, très-étendue dans le midi de la France, où elle forme la crête des Pyrénées.

En même temps commençait à se remplir le bassin de Paris. Ce bassin, dont Paris occupe le centre, s'étend sur une longueur d'environ 290 kilomètres ; il est limité par Laon, Noyon, Mantes, Blois, Cosnes, Montereau. On y distingue une série de couches éocènes marines et d'eau douce, alternant entre elles, qui sont de bas en haut :

1° Argile plastique ;

2° Calcaire grossier ;

3° Sables moyens ;

4° Gypse ;

5° Marnes du gypse ;

6° Meulières de la Brie.

Le bassin de Londres, très-important également, était à l'époque éocène complètement séparé de celui de Paris. Aussi les mêmes dépôts ne s'y rencontrent-ils pas. La roche dominante est une argile tenace, brune et grise, employée pour la fabrication des briques qui servent aux constructions de Londres. Elle renferme des calcaires fort recherchés pour la confection du ciment romain.

La formation moyenne ou miocène est très-répandue en France, où elle constitue de nombreux bassins disséminés.

1° Les environs de Paris (sables et grès de Fontainebleau, meulières de Meudon, Marly, etc., calcaire de Beauce);

2° Les faluns de Touraine;

4° Les bassins tertiaires de l'Auvergne;

4° Le bassin de l'Aquitaine;

5° Celui du Languedoc et de la Provence.

La formation pliocène n'est pas représentée dans le nord de la France. On l'observe sur quelques points de l'Auvergne, mais surtout dans la Bresse (Ain) et au pied des Alpes.

Les Terrains secondaires. — Pendant la période secondaire, la terre ferme s'accrut en France de 17 millions d'hectares.

Les terrains se répartissent ainsi :

1° Les grès rouges, comprenant la formation permienne et la formation du trias;

2° Le terrain jurassique;

3° Le terrain crétacé.

Le terrain crétacé se divise en trois étages :

1° Étage inférieur ou néocomien;

2° Étage moyen ou des grès verts;

3° Étage supérieur ou de la craie.

La puissance crétacée est de 2 à 3000 mètres et présente de grandes différences minéralogiques; l'étude des fossiles y acquiert une prépondérance marquée.

Le terrain jurassique, celui de tous les terrains secondaires qui contribue le plus à donner à la France son relief actuel, forme au nord une vaste ellipse dont Paris et Londres occupent les foyers, et au sud-est se relie aux montagnes du Jura, dont il constitue la part la plus considérable; enfin il contourne le plateau central.

On le divise en deux groupes :

1° Le lias (grès, calcaire à gryphées arquées, marnes du lias);

2° Le système oolithique (oolithe, terre à foulon, grande oolithe).

La formation permienne ou des grès permiens comprend elle-même trois étages. Le nouveau grès rouge (autour des Vosges), le Zechstein, qu'on ne trouve pas en France et qui est très-développé en Allemagne; le grès des Vosges (autour des Vosges).

La formation du trias ou des grès bigarrés comprend le grès bigarré (Alsace, Pyrénées), le muschelkalk ou le calcaire coquiller, les marnes irisées (très-développées en Lorraine).

Les Terrains primaires. — Les terrains primaires ou de transition se trouvent en France dans cinq régions : le plateau central, les Vosges, le massif de la Bretagne, les axes culminants des Alpes et des Pyrénées. Ils occupent ainsi 16 millions d'hectares, c'est-à-dire près du tiers de la superficie totale de la France. On y reconnaît quatre formations, qui sont :

1° La formation inférieure ou terrain cambrien;

2° La formation moyenne ou terrain silurien;

3° La formation supérieure ou terrain dévonien;

4° La formation houillère.

A la base des terrains de transition se trouvent les granites, qui passent insensiblement au gneiss. Le gneiss est accompagné de micaschistes. Viennent ensuite les schistes, puis les quarzites et les grauwackes; enfin dans les étages supérieurs sont principalement des calcaires et des grès, roches tout à fait sédimentaires.

Relations de la Géologie avec l'Agriculture. — Dans beaucoup de cas on reconnaît un rapport entre l'âge de certains terrains et leurs propriétés agricoles. Ainsi les grès permiens fournissent un sol le plus souvent stérile; de même les terrains houillers et les grès carbonifères ne donnent d'eux-mêmes aucune récolte. Souvent des formations juxtaposées,

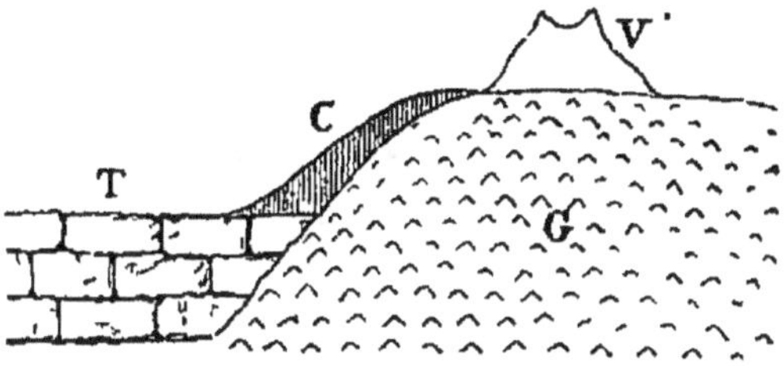

Fig. 50. — Stérilité des coulées volcaniques et fertilité de la Limagne d'Auvergne.

contrastent d'une manière remarquable par leur fertilité différente. C'est ainsi qu'en Auvergne les coulées C (fig. 50) des volcans V situés sur le granit G ont une stérilité complète, tandis que les couches tertiaires T de la Limagne sur lesquelles elles s'étendent, sont couvertes de cultures luxuriantes. Le calcaire carbonifère porte une herbe courte et succulente pour les vaches, qui y produisent beaucoup de lait, de beurre et de fromage. Aux environs de Paris on peut, dans beaucoup de cas, reconnaître de loin la constitution géologique des sols d'après la flore qu'ils supportent. Ainsi la coupe suivante (fig. 51) étant celle de beaucoup de nos coteaux, les sables de Fontainebleau F, du sommet, se signalent de loin par leurs forêts de châtaigniers, les marnes vertes V par leurs peupliers et leurs saules, et le calcaire grossier G par ses vignes.

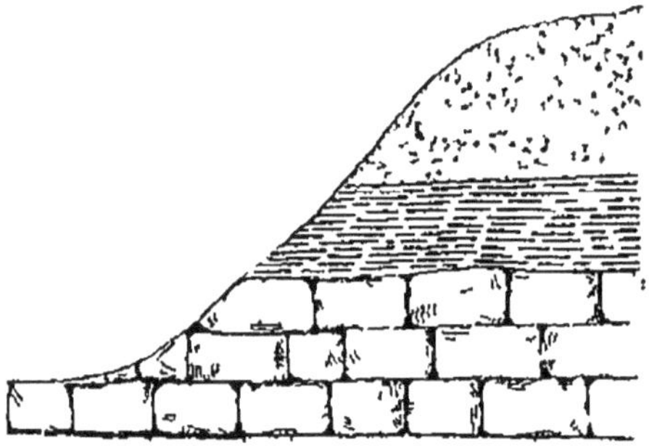

Fig. 51. — Végétation comparée des assises successives des terrains tertiaires parisiens.

Les bonnes terres arables se trouvent volontiers sur le point de rencontre de deux formations géologiques distinctes, ou de deux roches de compositions différentes; par exemple là où une argile et un calcaire mélangent leurs débris, on rencontre un sol fertile, etc.

Un très-grand nombre d'autres remarques analogues peuvent être faites, et justifient l'importance que tous les cultivateurs intelligents accordent à l'étude de la géologie.

CHAPITRE X.

PROPRIÉTÉS PHYSIQUES DES SOLS. SOLS FERTILES ET SOLS STÉRILES.

Une bonne terre arable doit remplir deux sortes de conditions :

1° De bonnes conditions physiques;

2° De bonnes conditions chimiques.

Propriétés physiques des Sols. — Les propriétés physiques des terres arables se rattachent :

1° A la manière dont elles se comportent avec les instruments aratoires (densité, ténacité) ;

2° A la manière dont elles se comportent avec les gaz (perméabilité aux gaz) ;

3° A leur perméabilité à l'eau, à leurs facultés d'imbibition, de dessiccation, et à leurs propriétés hygrométriques ;

4° A leurs facultés d'absorption par la chaleur et à leurs facultés de rayonnement.

La *densité* est le poids d'un litre de terre comprimée à peu près comme elle l'est dans les champs, comparée au poids d'un litre d'eau. Cette densité est maximum pour le sable calcaire, minimum pour l'humus.

La *ténacité* est la propriété qu'ont les sols d'adhérer plus ou moins fortement aux instruments aratoires; de là les expressions consacrées de terres fortes ou légères, selon qu'elles sont plus ou moins faciles à travailler. La ténacité est maximum pour les terres argileuses, minimum pour les sables siliceux et les sables calcaires.

Les *gaz* doivent circuler dans le sol ; la présence de l'oxygène est indispensable, celle de l'azote même peut entrer en action.

Il faut qu'un sol soit *perméable à l'eau*, mais celle-ci ne doit pas séjourner sur place, sous peine de pourrir les racines des plantes. Les sables sont très-perméables ; les argiles retiennent l'eau avec énergie.

La quantité d'eau que peut retenir un sol influe sur sa fraîcheur plus ou moins grande. Les sables siliceux ou calcaires conservent le moins d'eau, puis viennent les argiles; mais l'humus est de tous les terrains celui qui *s'imbibe* le moins. Un litre de cette substance mouillée renferme 935 grammes d'eau et 495 grammes d'humus.

Les sols ne se *dessèchent* pas tous de même, et en même temps qu'ils abandonnent à l'air l'eau qu'ils ont absorbée, ils éprouvent un retrait, à l'exception des sables siliceux et calcaires. Ce sont ces dernières substances dont la dessiccation est la plus facile ; l'humus perd son eau très-lentement.

La *faculté hygrométrique* est la propriété qu'a le sol de condenser, surtout pendant la nuit, une portion de l'humidité atmosphérique. C'est encore l'humus qui a ce pouvoir au plus haut degré, tandis que les sables siliceux ou calcaires ne l'ont presque point.

La manière dont les sols se comportent avec l'eau dans tous les cas dépend de la grosseur de leurs éléments et de leur nature. On peut dire que les sols ont une faible affinité pour l'eau quand ils sont sablonneux, beaucoup plus grande quand ils sont argileux, plus grande encore quand ils sont humifères.

Le *pouvoir absorbant pour la chaleur* est la propriété que l'on exprime en disant qu'un sol est chaud ou froid. Elle dépend d'un grand nombre de circonstances : la couleur, l'humidité, l'inclinaison, la nature des éléments. Les terres calcaires sont celles qui s'échauffent le plus difficilement ; l'humus s'échauffe très-vite.

La rapidité avec laquelle les sols se refroidissent dépend de la conductibilité et du *pouvoir rayonnant* proprement dit. Malgré les circonstances particulières qui peuvent influer sur cette propriété, on peut dire, en général, que les sols qui se réchauffent le plus vite sont aussi ceux qui perdent le plus facilement leur chaleur. Ainsi les sables calcaires se refroidissent lentement, et l'humus très-vite.

Du reste, plusieurs circonstances peuvent modifier les propriétés générales que nous venons d'exposer, ainsi que la valeur agricole des sols.

Ainsi, la nature du sous-sol influe profondément sur le sol proprement dit : une terre sablonneuse reposant sur un fond argileux est humide ; un sol renfermant une assez grande quantité d'argile sera sain s'il repose sur un sous-sol perméable.

Toutes circonstances égales d'ailleurs, les sols inclinés sont toujours plus secs que ceux qui sont horizontaux.

Les sols exposés au nord sont toujours plus froids, plus tardifs, et doivent être peu compacts pour être productifs ; ceux qui regardent le midi sont toujours plus précoces et plus brûlants.

Le climat modifie complètement la valeur agricole des terres arables. Ainsi les sols sablonneux, qui sont infertiles sous un climat chaud, à moins qu'ils ne soient arrosés, sont les meilleurs dans les pays brumeux, en Angleterre par exemple.

Propriétés chimiques des Sols. — Les terres arables sont le siège de nombreuses actions chimiques.

Les unes se rattachent à la transformation des matières organiques, les autres à la transformation des matières minérales. Ces transformations donnent naissance à des substances solubles ou volatiles; nous allons voir comment elles se dispersent et se conservent ou se perdent.

Ainsi que nous l'avons dit plus haut, les sols arables doivent être pénétrés de gaz. Les terres extraites du sein de la terre ne deviennent fertiles qu'après leur aération. L'absorption des gaz est due à la porosité des éléments constituants, à la présence des matières organiques et de certains oxydes susceptibles de suroxydation; elle est favorisée par la chaleur et par la présence d'eau en quantité suffisante pour que la terre soit bien humectée.

Pour déterminer la composition de l'air confiné dans le sol, MM. Boussingault et Lévy ont pris le gaz à 35 centimètres de profondeur au moyen d'un aspirateur; ils ont constaté que l'air ainsi extrait renferme des traces d'ammoniaque, mais pas d'acide sulfhydrique. Relativement à la proportion d'acide carbonique, ils ont reconnu que pour un hectare dans le sous-sol d'une forêt, il y a autant d'acide carbonique que dans 5000 mètres cubes d'air; dans un sol fumé depuis plus d'un an, autant que dans 8000 mètres cubes d'air, et dans un sol fumé récemment, autant que dans 20,000 mètres cubes d'air. Il résulte de là que l'acide carbonique existe dans les sous-sols sans que l'on puisse rattacher sa présence à la combustion de matières organiques.

Les terres arables, mélange d'éléments minéraux inertes avec des matières organiques en décomposition et de petites quantités de bases énergiques, potasse, soude et chaux, sont de véritables nitrières artificielles ; mais pour cela il faut que les terres ne soient ni trop compactes ni trop sableuses, à un degré convenable d'humectation et à une température assez élevée.

Les substances solubles contenues dans la terre disparaîtraient bien vite dans le sous-sol si elle ne possédait la propriété de les retenir avec une force considérable et de ne les abandonner, pour ainsi dire, qu'au fur et à mesure des besoins des plantes.

Cette propriété, connue sous le nom de *pouvoir absorbant*, a été découverte par Huntable et Thompson en 1848.

Les sels solubles employés comme engrais éprouvent une certaine difficulté à circuler dans le sol ; de là la nécessité, quand on a recours à des agents de fertilisation pulvérulents, de les répandre uniformément, car la première année au moins ils ne sont guère utilisés que sur la place où on les a mis.

Comparaison des Sols fertiles et des Sols stériles.

— On comprendra bien les considérations qui précèdent si nous dounons ici, d'après Sprengel, l'analyse chimique de trois sols différents :

Le nº 1 est une alluvion très-fertile de la Frise rientale récemment émergée de la mer et cultivée depuis soixante ans en blé et en plantes légumineuses, sans addition d'aucun engrais.

Le nº 2 est une terre fertile des environs de Gœtngue qui produit d'excellentes récoltes de luzerne, e légumes, de navette et surtout de pommes de erre et de navets, quand elle est amendée avec du ypse.

Le nº 3 est un sol très-stérile de Lunebourg.

	Nº 1.	Nº 2.	Nº 3.
Matière saline soluble. .	18	1	1
Argile fine et matières organiques	937	839	599
Sables siliceux	45	160	400
	1000	1000	1000

La plus grande différence réside, comme on voit, ans la proportion de substances salines offerte par nº 1. Ces substances consistent en sel commun, chlorure de potassium, en sulfate de potasse, en lfate de chaux, avec des traces de sulfate de maésie, de sulfate de fer et de phosphate de soude. a présence de cette sorte de corps, qui proviennent ns doute en grande partie de la mer, est certainement la raison qui permet de cultiver sans engrais.

Le sol stérile est de beaucoup le plus léger des trois, parce qu'il contient 40 p. 100 de sable; mais cela ne suffit pas pour expliquer sa stérilité, car beaucoup de terres légères renferment encore plus de sable et sont cependant suffisamment productifs.

Or, toujours d'après Sprengel, les parties les plus fines, séparées du sable et des matières solubles, consistent pour 1000 parties en

	No 1.	No 2.	No 3.
Matière organique .	97	50	40
Silice	648	833	778
Alumine	57	51	91
Chaux	59	18	4
Magnésie	8,5	8	1
Oxyde de fer . . .	61	30	81
Oxyde de manganèse.	1	3	0,5
Potasse.	2	traces	traces
Soude	4	traces	traces
Ammoniaque . . .	traces	traces	traces
Chlore	2	traces	traces
Acide sulfurique . .	2	0,75	traces
Acide phosphorique .	4,5	1,75	traces
Acide carbonique. .	40	4,5	traces
Perte	14	—	4,5
	1000	1000	1000

1. La composition du n° 1 fait voir nettement que

la présence de toutes les substances alimentaires inorganiques est nécessaire pour rendre un sol éminemment fertile. Non-seulement ce sol contient une quantité comparativement grande de matière saline, mais il renferme aussi 10 p. 100 de substance organique, et ce qui acquiert, par le rapprochement de celle-ci, beaucoup d'importance, près de 6 p. 100 de chaux. La potasse et la soude, ainsi que plusieurs acides, existent en quantité suffisante.

2. Dans le second exemple, celui d'un sol fertile, mais qui cependant ne peut se passer d'amendements, il y a un peu de matériaux salins solubles, et dans la matière insoluble nous voyons qu'il n'y a que des *traces* de potasse, de soude et des acides importants. Il renferme seulement 5 p. 100 de matière organique et moins de 2 p. 100 de chaux; circonstances qui font passer ce sol de la classe des terres *naturellement* fertiles à celles qui exigent, pour produire, l'apport de matériaux fertilisants.

3. Dans le troisième sol nous observons qu'il manque beaucoup plus de substances que dans le nº 2. La matière organique s'élève à 4 p. 100, et il paraît y avoir près de 1/2 p. 100 de chaux. Mais il faut se rappeler que ce sol renferme 40 p. 100 de sable, ce qui diminue les proportions jusqu'à 2 1/2 p. 100 de matière organique et 0,25 p. 100 seulement de chaux. Toutefois ces *besoins* ne condamnent pas

seuls le sol en question à la stérilité, car on pourrait y remédier par des amendements. Mais la proportion de 8 p. 100 d'oxyde de fer est incompatible avec toute culture.

De telle sorte que ces trois sols nous donnent l'exemple : 1° d'un terrain *naturellement* fertile ; 2° d'un terrain qui serait pauvre par lui-même, mais que les amendements rendent productif ; 3° d'un terrain qui non seulement est pauvre, mais qui renferme des éléments contraires au développement des récoltes, et par conséquent irrémédiablement stérile.

Matière organique des Sols. — Aucun élément des sols n'est plus important que celui qu'on désigne d'une manière générale sous le nom de *matière organique*. C'est de cette matière que dérive une grande partie de l'azote assimilé par les plantes.

Dans certains sols humides de l'Écosse, Anderson a trouvé de 0,15 à 0,97 p. 100 d'azote dans le sous-sol et de 0,074 à 0,22 dans le sol proprement dit.

Dans les terrains sablonneux de la Saxe, Ritthaufen a vu l'azote varier de 0,089 à 0,126 p. 100. Suivant Petzoldt, la terre noire de Russie, du gouvernement de Tambow, renferme, quand elle est cultivée, 0,17 p. 100 d'azote, au lieu de 0,30 p. 100 qu'on y trouve à l'état inculte.

Voici diverses déterminations d'ammoniaque faites par Krocker :

SUBSTANCES EXAMINÉES.	Densité.	Quantité d'ammoniaque dans 100 part. de sol desséché à l'air.
Sol argileux avant la culture	2.39	0 170
Sol argileux.	2.42	0.163
Terre désagrégee de Hohenheim . .	2.40	0.156
Sous-sol du même champ.	2.41	0.154
Sol argileux avant la culture . . .	2.41	0.149
Sol argileux après la culture . . .	2 41	0 147
Sol préparé pour l'orge.	2.44	0.143
Sol argileux avant la culture. . . .	2,41	0.139
Lœss	2 45	0.135
Lœss	2.45	0.133
Sol d'Afrique n'ayant jamais été cultivé.	2 18	0.116
Sol sableux dans le même cas. . . .	2 50	0.096
Terre lœssique prise profondément. .	2.50	0.088
Sol sableux n'ayant jamais été cultivé.	2 51	0.056
Sable presque pur.	2.61	0.031
Marnes	2.42	0.0988 0.0955 0 0768 0.0736 0.0579 0.0077 0.0047

La Terre noire de Russie. — Le *Tchornoïzem*, ou terre noire de la Russie centrale, montre d'une manière très-nette que l'*espèce* et la *quantité* de matière organique renfermée dans un sol ont beaucoup moins d'influence sur sa fertilité que les constituants minéraux de ce sol. Cette sorte remarquable de sol couvre une surface de terrain supérieure à 60,000 milles géographiques carrés, et elle offre partout les mêmes caractères de fertilité extrême. Une population de 20 millions d'âmes en tire sa subsistance, et elle exporte en outre tous les ans plus de 50 millions de boisseaux de blé.

L'origine et le mode de formation de cette curieuse formation ont naturellement engagé à la fois les savants et les praticiens à l'étudier. Son épaisseur varie de 1 ou 2 à 20 pieds; humide, elle est d'un noir de jais; sèche, d'un brun très-foncé. Cette couleur sombre, d'où vient son nom, est due à la présence de matière organique spécialement végétale, dans un état de décomposition particulier, extrêmement divisée et intimement mélangée avec des débris minéraux. Cette substance organique représente de 6 à 18 p. 100 du poids du sol sec. Elle contient, d'après Schmidt, jusqu'à 8 p. 100 d'azote.

La portion minérale, qui contribue aussi à la fertilité de la terre noire, renferme :

Potasse.	5.81
Soude	2.31
Chaux	2 60
Magnésie	0.95
Alumine et oxyde de fer, avec traces d'acide phosphorique.	17.32
Silice (dont 7 à 8 p. 100 de soluble).	70.94
	99.93

Nous reconnaissons dans cette analyse une abondante proportion des substances les plus utiles à la prospérité des plantes. L'opinion le plus généralement admise est de croire que la terre noire résulte de l'accumulation des débris de vastes forêts disparues depuis des siècles.

CHAPITRE XI.

RELATIONS DES PLANTES AVEC LES SOLS SUR LESQUELS ELLES CROISSENT ET AVEC LES ENGRAIS QUI LEUR SONT APPLIQUÉS.

On peut apprécier très-nettement le rôle que joue la composition des différents sols en jetant simplement un coup d'œil comparatif sur la végétation qu'ils supportent. Il existe en effet une relation intime entre la nature d'un terrain et les espèces végétales qui y croissent *spontanément*.

Les sables du littoral de la mer, les bords des lacs et la surface des plaines salées, comme sont par exemple les steppes de la Russie, se distinguent à première vue par la prospérité des plantes salicoles, telles que les salsolas et les salicornes. Le *Triticum junceum* pousse sur la pente marine des dunes à peu de distance de la mer. Le sable plus agité de la plage produit des herbes spéciales, *Arundo arenaria*, *Elymus arenarius* et *Carex arenarius*, dont les racines cimentent ensemble les grains du sable mouvant.

Les collines tourbeuses de nos climats, envahies surtout, comme on sait, par les mousses du genre *Sphagnum* (fig. 52 et 53), se revêtent naturellement

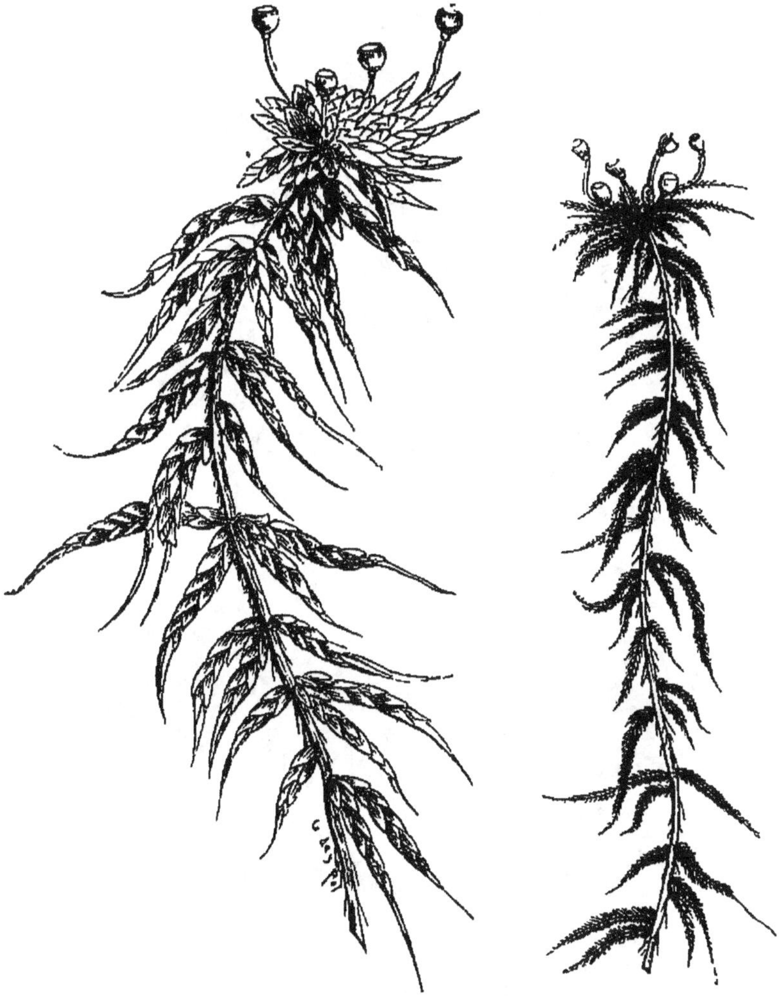

Fig 52 — *Sphagnum cymbifolium* Fig. 53 — *Sphagnum molluscum*

de la bruyère commune (*Calluna vulgaris*) et de ses analogues, *Erica cinerea* et *Erica tetralyx*. Sou-

Fig. 54. — Houlque laineuse.

mises au drainage et semées d'herbes, elles ne produisent plus que la *Houlque laineuse* (fig. 54). Les mêmes sols chaulés deviennent favorables aux récoltes vertes et fournissent une grande quantité de paille, mais refusent de nouer les épis de blé. Le grain y montre une enveloppe épaisse et rend peu de farine; il s'y fait, en un mot, plus de cellulose et de matière minérale que d'amidon et de gluten.

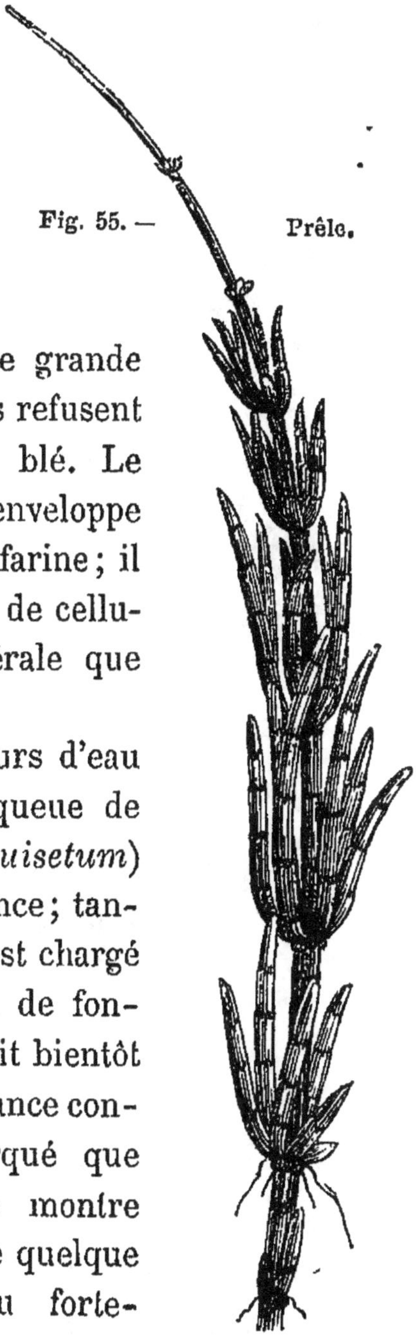

Fig. 55. — Prêle.

Sur les rives des cours d'eau où abonde le silice, la queue de cheval ou prêle (*Equisetum*) (fig. 55) naît en abondance; tandis que si le courant est chargé de calcaire, le cresson de fontaine (fig. 56 à 60) envahit bientôt la place jusqu'à une distance considérable. On a remarqué que l'*Erica vagans* ne se montre guère que là où pointe quelque roche serpentineuse ou fortement magnésienne. La *Viola calaminaria* est tellement fidèle aux gîtes de zinc, qu'en Silésie elle les signale aux mineurs. L'*Orobanche rubra* est spé-

Fig. 56 à 60. — Cresson ordinaire

ciale aux régions trappéennes ou basaltiques. L'*Anemone pulsatilla* (fig. 61) pousse sur les couches sèches des terrains sableux, comme à Bourray et à Beauchamp. La minette, *Medicago lupulina* (fig. 62), préfère les sols marneux, la luzerne rouge le gypse, et la luzerne blanche les terres riches en principes alcalins. Le *Tussilago farfara* ne manque pas là où les argiles sont abondantes.

On pourrait multiplier les exemples indéfiniment. Nous ajouterons que le sol fait sentir en outre ses effets sur la qualité de diverses variétés d'une même plante. On en sera convaincu par les faits qui suivent relativement aux céréales, aux légumineuses, aux pommes de terre, aux navets et aux fruits.

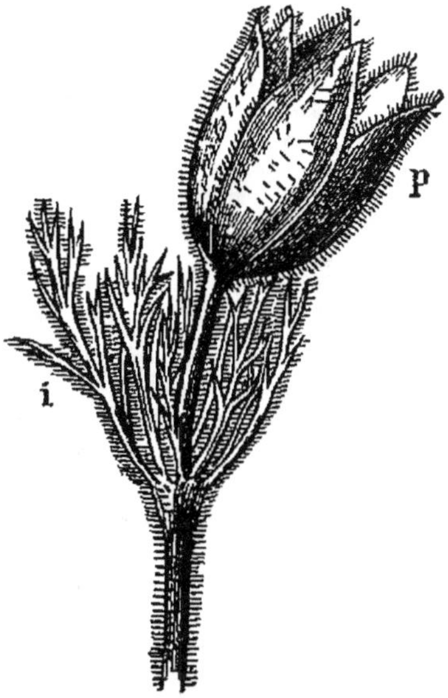

Fig. 61. — Anémone pulsatille.

Ainsi tous les fermiers savent que l'orge présente des variétés fort nettes, suivant les localités d'où elle provient. Sur les argiles lourdes, l'orge donne des produits très-abondants, mais de grossière qualité. Sur les calcaires légers, elle offre des enveloppes minces, une belle couleur, et quoique peu dense, elle est très-propre à la brasserie; tandis que les terres lœssiques et les sables marneux, en lui communiquant plus de rondeur, lui donnent moins de prix aux yeux des fabricants de bière.

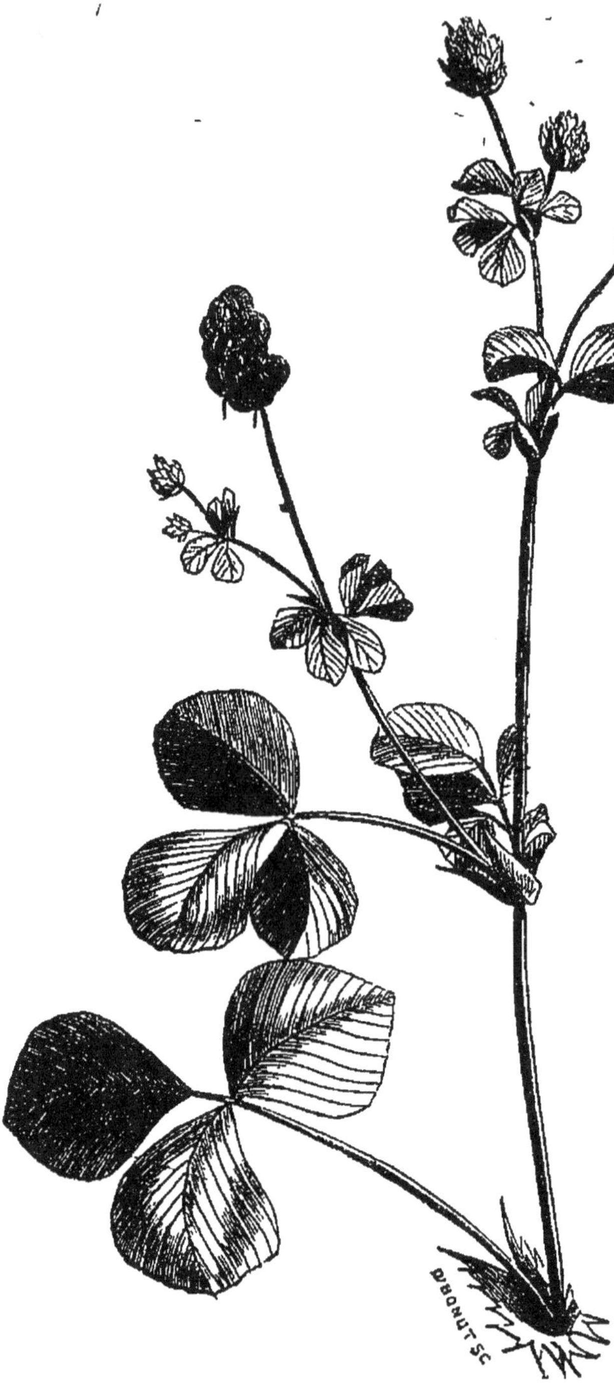

Fig. 62. — *Medicago lupulina.*

Des différences analogues se rapportent au froment. Les meuniers connaissent par expérience les qualités inégales des froments croissant dans les diverses fermes de leur voisinage, et même si les produits ont le même aspect, ils savent, d'après les points où les récoltes ont été faites, choisir celui qui sera le plus avantageux.

L'avoine reflète dans ses qualités celles du sol qui la porte. La farine tirée de l'avoine des sols argileux est de meilleure qualité; elle est d'un usage plus économique et généralement atteint des prix plus élevés.

De même le seigle prospère sur les sols sablonneux et légers; quand il a poussé sur des sables marneux, il produit beaucoup plus de son.

Tous les cultivateurs savent que les argiles donnent des pommes de terre cireuses, tandis que les sables en fournissent de farineuses. On a remarqué aussi que la fécule est plus abondante dans les tubercules provenant d'un sol depuis longtemps cultivé que dans ceux qu'on retire d'un terrain nouvellement défriché.

Pour ce qui est des fruits, il suffit de rappeler que le paysan normand reconnaît la provenance d'une pomme à son *goût de terroir*, et qu'il en est de même, à un plus haut degré encore, pour le raisin et pour le vin qui en dérive.

CHAPITRE XII.

AMÉLIORATION DES SOLS.

Quand un fermier arrive dans un pays nouveau pour lui, il doit avant tout :

1° Examiner la qualité de la terre, sol et sous-sol, son exposition et ses conditions climatériques; il doit s'enquérir de l'accès facile aux marchés et aux points producteurs d'amendements et d'engrais; enfin, d'une façon générale, chercher à connaître quelles sont, dans le district, les principales causes de désappointement des fermiers intelligents.

2° Déterminer d'une façon théorique le traitement qui convient le mieux à une terre située dans les conditions précédemment reconnues, et établir ce qu'on est en droit d'en attendre en récoltes.

3° Demander quel est le produit actuel de la terre, quels sont les procédés mis en usage dans le pays, et s'attacher à savoir les causes de certaines particularités dans le travail auxquelles les habitants accordent leur préférence. En effet, il y a souvent d'excellentes raisons pour justifier les particularités locales que les nouveaux arrivants condamnent à première vue et ne regardent pas comme favorables à leur propre intérêt. L'homme prudent doit étudier soigneusement de pareilles coutumes locales, sans se regarder, bien entendu, comme obligé de les suivre si elles ne sont pas conformes aux enseignements de la théorie.

4° S'il arrive finalement à cette conclusion que la terre qu'il examine est susceptible de rendre plus de produit qu'on ne lui en a fait donner jusque-là, il faut qu'il recherche quelle sorte de perfectionnement cette terre doit subir.

Tous les sols se rangent dans l'une ou l'autre de ces deux classes :

1° Ceux qui, comme le n° 1 de la page 116, renferment une abondante réserve de toutes les substances dont les plantes ont besoin, et sont par conséquent tout prêts, chimiquement, à fournir leurs aliments à des cultures de tout genre.

2° Ceux qui, comme les n°s 2 et 3 de la même page, manquent de quelques-unes des substances nécessaires au développement des végétaux.

Chacune de ces deux classes de sols est susceptible de perfectionnement, la première surtout par des procédés mécaniques, et l'autre à la fois par des actions mécaniques et par un traitement chimique.

Voyons rapidement dans ce chapitre les principales méthodes mécaniques de perfectionnement du sol.

Le Drainage et ses Avantages. — La première chose à faire pour augmenter le rendement des terres est de les *drainer*. C'est ce qu'on fait, comme on sait, en enfouissant dans le sol des tuyaux poreux appelés *drains* (fig. 63 et 64), de façon à leur faire

Fig. 63 et 64. — Tuyaux de drainage ou drains.

tracer sous terre de véritables réseaux (fig. 65); les avantages qui en résultent sont nombreux.

1° La présence de trop d'eau dans le sol le tient constamment froid. La chaleur des rayons solaires qui est destinée à chauffer la terre se trouve employée à évaporer l'eau de sa surface, et dès lors les plantes n'éprouvent jamais autour de leurs racines cette tiédeur bienfaisante si nécessaire à leur rapide développement.

2° En outre, quand il y a trop d'eau dans le sol, les éléments nutritifs des plantes se trouvent à un état de *dilution* qui force les racines à pomper beaucoup plus de liquide pour absorber le même poids de matière utile, ce qui nécessairement les épuise. Il faut remarquer d'ailleurs que l'eau en excès ainsi absorbée dans les tiges et dans les feuilles

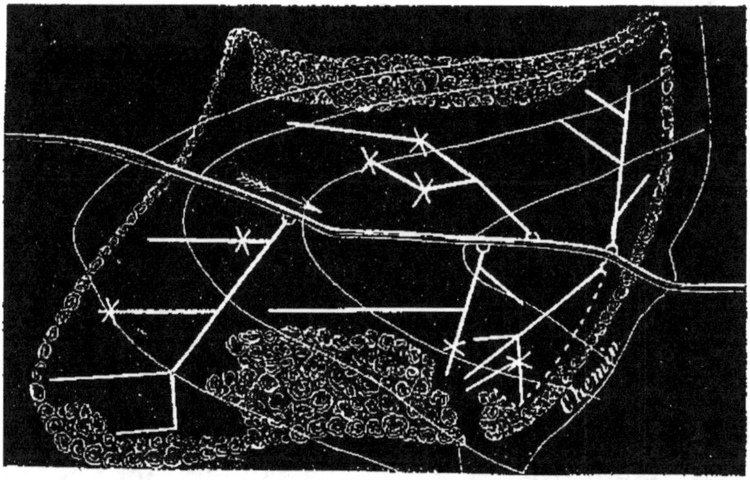

Fig. 65. — Disposition des drains sous le sol d'une prairie marécageuse.

abaisse la température de ces organes et ralentit leurs fonctions.

3° Par le renouvellement de l'eau, les propriétés physiques du sol sont aussi très-remarquablement perfectionnées : l'effet principal est de le rendre plus perméable à l'air et à l'eau elle-même.

4° L'accès de l'air est essentiel à la fertilité du sol

et à la prospérité de la plupart de nos plantes cultivées. L'introduction des tuyaux de drainage ne fait pas seulement de la place permettant à l'air d'entrer par suite du déplacement de l'eau; elle force l'air à s'introduire verticalement jusque dans les parties profondes du sol et le renouvelle à chaque chute de pluie.

5° Ce n'est pas seulement dans les sols compacts et argileux que le drainage est avantageusement employé. Si une source arrive au jour sur un sol

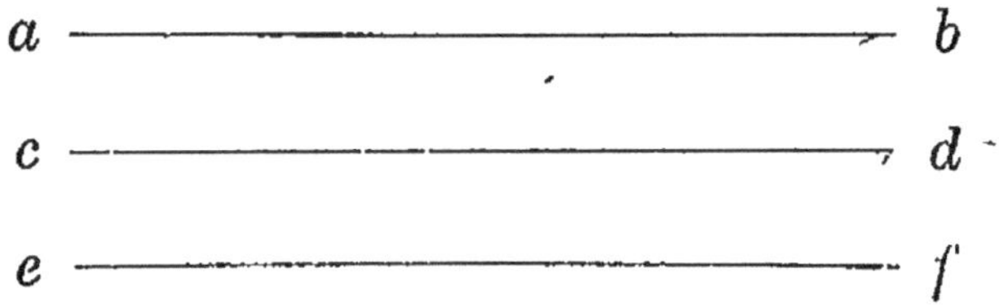

Fig. 66. — Utilité du drainage dans les sols secs.

sableux, les drains enlèvent le surplus de l'eau; ils assainissent aussi les terrains sableux dont le sous-sol argileux tend à conserver une couche d'eau stagnante; même, contrairement à l'opinion vulgaire, ils sont encore utiles là où le sous-sol est constitué par du gravier.

6° A première vue il semble paradoxal de penser que le drainage améliore les sols eux-mêmes où les récoltes sont sujettes à se brûler pendant la saison sèche. Cependant il est facile de comprendre ce fait. Soit (fig. 66) *ab* la surface du sol et *cd* le niveau où les eaux s'accumulent et forment une nappe stagnante, parce que les couches sous-jacentes ne sont point perméables. Les racines pénètrent bientôt jusqu'en *cd*, mais elles refusent le plus souvent de descendre plus bas à cause des substances nuisibles qui ne manquent jamais dans l'eau stagnante. Si la saison sèche arrive, les racines des plantes étant peu profondément enterrées, elles seront plus ou moins vite brûlées. Et si l'eau tend à monter à travers le sol au-dessus de *cd*, elle apportera au végétal les matières toxiques dont nous venons de parler.

Mais plaçons un drain, et le niveau de l'eau descendra en *ef*, la pluie lavera la terre et la débarrassera de tous ses principes nuisibles, et les racines pénétreront plus avant. La sécheresse pourra venir sans que la région qu'elles auront atteinte soit elle-même privée d'eau.

7° Dans beaucoup de pays dont le sol est rouge, l'oxyde de fer est si abondant dans la terre, et les sources qui s'y font jour en sont tellement chargées, que peu à peu le sous-sol s'en imprègne jusqu'à perdre son imperméabilité. On les améliore souvent par des labours profonds, mais la couche non poreuse se reforme à une profondeur de plus en plus grande, et il devient impossible de l'atteindre. Dans ce cas, l'introduction de drains au-dessous de cette couche ocreuse est le procédé le plus efficace d'amélioration du sol. La pluie, en circulant dans le sol et dans les tuyaux, tend à enlever par lavage tout l'oxyde de fer en excès.

8o Il n'est pas rare de voir, même dans des régions riches et fertiles, des cultures de haricots, d'avoine, d'orge, lever fortes et vigoureuses, et atteindre même l'époque de la floraison, pour se mettre alors à languir, à se faner, et même à périr plus ou moins complètement. De même il est rare, dans beaucoup de points, de voir une luzernière de seconde année venir à bien. Ces faits indiquent le plus souvent la présence dans le sous-sol de substances nuisibles qui sont atteintes par les racines à une époque avancée de leur développement. Le drainage appelle à son aide la pluie du ciel pour laver un pareil terrain et le rendre complètement sain aux récoltes.

9o Un autre inconvénient arrive parfois au cultivateur. On sait que des substances salines sont nécessaires au développement des plantes. Mais leur excès est nuisible et parfois même funeste à beaucoup de végétaux. C'est ce qu'on voit par exemple dans la plaine d'Athènes et aux environs de Mexico, où les sels qui remontent vers la surface du sol tuent les tendres herbages et ne laissent croître que les végétaux plus robustes. Il est certain qu'un drainage bien entendu donnerait alors d'excellents résultats.

Effets du Passage de la Pluie au travers des Sols. — On a vu précédemment qu'en établissant un drainage, on se propose toujours comme un but très-désirable de faire librement circuler l'eau de pluie à travers le sol. Le passage de l'eau météorique dans la terre est en effet avantageux à beaucoup de points de vue qu'il faut signaler en terminant ce chapitre. Il détermine le renouvellement de l'air autour des racines, échauffe le sous-sol et égalise la température du terrain pendant la période de la végétation. La pluie, en imbibant la terre, apporte aux racines les substances nutritives, extrait les matériaux nuisibles et fournit les corps fertilisants qui existent dans l'atmosphère et qu'elle y a dissous.

CHAPITRE XIII.

AMÉLIORATION DES SOLS PAR LE LABOUR ET LE MÉLANGE.

Lorsque la terre a été desséchée au moyen de drains, d'autres modes d'amélioration mécanique peuvent être mis en œuvre avec avantage. On peut ajouter que les méthodes ordinaires de culture sont rendues plus utiles, et les bénéfices qui résultent du travail du sol dans les circonstances favorables deviennent plus grands et plus manifestes. Ces faits seront rendus évidents par les quelques considérations qui suivent sur les effets produits par des labours à diverses profondeurs.

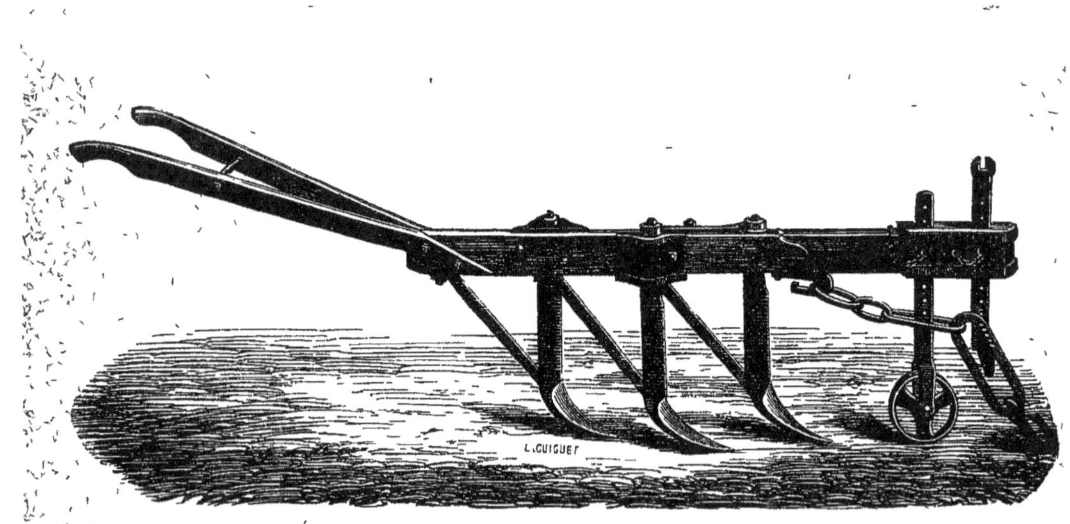

Usage de la Charrue de Sous-Sol. — La charrue de sous-sol (fig. 67) et la fouilleuse (fig. 68) sont les auxiliaires du drainage. Quoiqu'il y ait très-peu de terrains au travers desquels l'eau ne puisse pas à la fin s'ouvrir un chemin, cependant certains d'entre eux sont si compacts que les bons effets du drainage sont paralysés par la lenteur avec laquelle l'eau

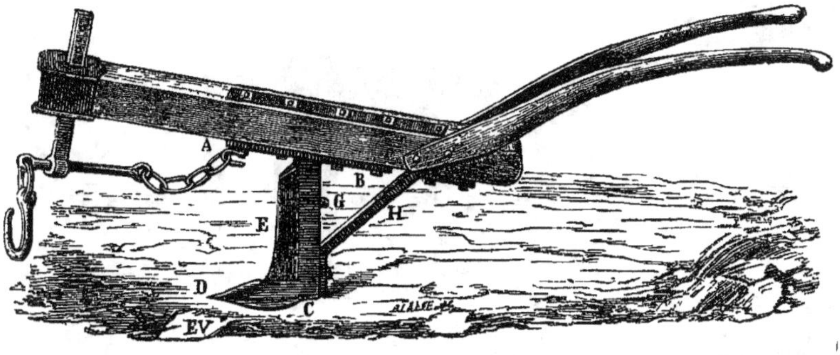

Fig. 67. — Charrue de sous-sol.

Fig. 68. — Fouilleuse à bâti en bois.

parvient de la surface du sol jusqu'au niveau des conduites. Alors l'usage des instruments de défoncement devient profitable.

D'ailleurs il faut bien remarquer que la charrue de sous-sol n'agit pas efficacement dans les argiles humides; il faut, avant de s'en servir, attendre que les drains aient joué leur rôle, et l'on recommande pour cela de laisser une année entière s'écouler entre l'époque des deux opérations. Il faut donc savoir ne pas céder dans tous les cas à la tentation d'arriver trop vite au but et remettre à plus tard, pour les augmenter, le moment où l'on réalisera des bénéfices.

•

Effets chimiques du Labour. — A la suite du labour, l'air trouve accès dans le sol et détermine la décomposition rapide des matières organiques enfouies. Il en résulte que partout où elles se présentent les fibrilles des racines trouvent des aliments tout préparés, en même temps qu'un approvisionnement d'oxygène. La production de l'ammoniaque et de l'acide azotique, et leur absorption ainsi que celle de la vapeur d'eau, prennent une grande activité dans le sol divisé. Les débris minéraux du sol sont d'autant plus vite décomposés qu'ils sont plus souvent soumis au contact de l'air, et c'est ce que le labour réalise.

Amélioration des Sols par le Mélange. — Déjà nous avons dit que les propriétés physiques du sol ont une influence décisive sur sa fertilité. Ainsi le mélange du sable à une terre très-argileuse l'améliore en lui donnant de la porosité et de la légèreté. A l'inverse, un sol trop sableux devient meilleur par l'addition d'une dose convenable d'argile, de marne ou de calcaire. Or il arrive très-fréquemment que le remuement du sous-sol a pour effet de réaliser des mélanges de ce genre, et les avantages sont alors immédiats.

CHAPITRE XIV.

AMÉLIORATION DES SOLS PAR L'EFFET DE LA VÉGÉTATION.

Il y a certains procédés d'amélioration du sol qui, quoique demandant seulement de simples opérations mécaniques de la part du cultivateur, produisent leur effet à côté des causes les plus savantes. Tels sont les perfectionnements produits par la plantation et l'abandon à l'état de prairies.

Amélioration du Sol par la Plantation. — On a observé bien des fois que des terres impropres à la culture proprement dite, et qui ne donnent comme pâturage que des profits très-faibles, ont toutes les qualités pour que les plantations de bois y prospèrent. Or on constate dans ce cas que le sol s'améliore très-vite au fur et à mesure de la croissance de la forêt, de façon qu'au bout d'un temps suffisant, si l'on vient à déboiser, on a d'excellentes terres cultivables là où rien tout d'abord ne poussait.

Le principal motif de cette amélioration est l'accumulation dans le sol des matières fertilisantes que les feuilles apportent. L'abri que le feuillage consti-

Fig. 69. — Rameau de hêtre.

tue contre le soleil et la pluie garantit les matières

végétales tombées sur le sol d'une décomposition

Fig. 70. — Rameau de mélèze (Feuilles aciculaires.)

trop rapide, et détermine leur accumulation.

Mais la quantité de feuilles qui tombent annuellement, aussi bien que la rapidité avec laquelle, dans

Fig. 71. — Rameau de pin maritime avec aiguilles et cône.

les circonstances ordinaires, elles se pourrissent, a une très-grande influence sur l'amélioration que le sol est susceptible de recevoir de chaque espèce d'arbres. Les larges feuilles du hêtre et du chêne (fig. 69) se décomposent plus vite que les feuilles aciculaires des conifères, et cette circonstance contribue à faire du melèze un améliorateur très-précieux du sol.

Fig. 72. — Rameau de genévrier commun, chargé de baies.

Naturellement la composition chimique des différentes feuilles influe beaucoup sur l'amélioration qu'elles apportent au sol. Les feuilles sèches du chêne (fig. 69) par exemple renferment 5 p. 100 de matières salines et terreuses, tandis que celles du

Fig. 73. — Ray-grass anglais.

Fig. 74. — Flouve odorante.

sapin n'en présentent pas tout à fait 2 p. 100. Par conséquent, en supposant que les deux sortes

Fig 75. — Plantain.

d'arbres laissent tomber le même poids de feuilles, nous devrons nous attendre à ce que la quantité dont s'enrichira le sol sera plus grande dans le premier cas que dans l'autre. Les feuilles desséchées du mélèze (fig. 70) donnent de 5 à 6 p. 100 de matière terreuse; elles sont donc sensiblement aussi favorables au sol que les feuilles de chêne. Il en est à peu près de même des feuilles de pin (fig. 71), de celles du genévrier (fig. 72), etc.

Amélioration du Sol par l'Établissement des Prairies et des Pâturages. — Deux faits semblent parfaitement démontrés:

D'abord, une terre transformée en prairie artificielle pendant un, deux, trois ans ou davantage, est reposée et réparée dans une certaine mesure. Faire une prairie d'une terre qui a été épuisée par une culture forcée, c'est un des meilleurs procédés pour lui rendre sa condition normale.

En second lieu, on constate que la terre couverte d'herbages diminue de nouveau de valeur après deux, trois ou cinq années (plus ou moins), et n'acquiert que lentement ou par degrés l'épaisse couverture d'herbes naturelles, riches et nourrissantes, telles que les ray-grass (fig. 73), la flouve odorante (fig. 74), le plantain (fig. 75), qui marquent les étapes de ses améliorations.

Comment les Herbes améliorent le Sol. — Quant au procédé en vertu duquel l'amélioration a lieu, il est très-simple et dépend avant tout de l'accumulation dans la terre de la matière noire, riche en substance végétale, qui caractérise le sol des prairies. On sait qu'une première propriété de cette matiere noire est d'emmagasiner la chaleur solaire, et par conséquent d'élever la température de la couche cultivable.

CHAPITRE XV.

LA CHAUX; SES USAGES EN AGRICULTURE.

L'usage de la chaux est de la plus grande importance en agriculture. La chaux est d'ailleurs utilisée sous les formes très-variées de marne, de coquilles, de sables coquillers, de coraux, de craie, de calcaire, de graviers calcaires, de chaux vive, etc., et on y a recours dans presque tous les pays depuis les temps les plus reculés.

Composition des Pierres calcaires. — Quand on verse de l'acide chlorhydrique étendu ou du vinaigre fort sur des fragments de calcaire, de craie, de sel de soude ou de potasse perlasse, il se produit une effervescence, et de l'acide carbonique se dégage. Si le courant de gaz est conduit par un tube au travers d'une dissolution d'eau de chaux, le liquide devient laiteux et une poudre blanche se précipite :

c'est du carbonate de chaux. Ce sel renferme sur 100 parties:

Chaux (CaO)	56
Acide carbonique (CO^2) . .	44
	100

La pierre à chaux, le marbre et la craie consistent pour la plus grande partie en carbonate de chaux. Dans la craie tendre les particules sont faiblement cimentées entre elles; elles sont fortement agglutinées dans la craie dure et dans la pierre à bâtir.

En ce qui concerne les roches, il y a plusieurs circonstances que le praticien doit avoir présentes à l'esprit. Ainsi :

a. Elles ne sont pas exclusivement formées de particules inorganiques du genre de celles qui se produisent quand le gaz acide carbonique traverse l'eau de chaux. Elles consistent pour une grande proportion, et quelquefois même entièrement, en coquilles microscopiques ou en fragments de coquilles plus volumineuses, ou encore en débris de coraux provenant de récifs madréporiques des anciennes mers. Le calcaire carbonifère par exemple renferme beaucoup de ces îles de coraux passés à l'état fossile, et la craie montre au microscope des myriades de coquilles infiniment petites.

b. Ayant été formés dans le fond de grandes masses d'eau en mouvement, les calcaires ont ordinairement empâté des particules sableuses et terreuses. C'est ce qui explique le résidu que l'on recueille quand on les a dissous dans un acide. Ces matières terreuses représentent parfois moins de 1/200 du poids total, mais parfois aussi elles en représentent 30 ou 40 p. 100.

c. Tous les animaux dont on a fait l'examen chimique ont montré qu'ils renferment une proportion plus ou moins grande d'acide phosphorique en combinaison avec la chaux sous la forme de phosphate de chaux. Après leur mort, leurs dépouilles retiennent ce sel peu soluble; et c'est pour cela que les calcaires renferment très-fréquemment une certaine proportion d'acide phosphorique. On remarque que la proportion de cet acide augmente dans un calcaire en même temps que la quantité de débris d'origine animale.

d. Le soufre étant de même un des éléments des animaux, on comprend que les calcaires renferment souvent de l'acide sulfurique. C'est à l'état de *gypse* ou sulfate de chaux que cet acide s'y rencontre; sa proportion varie de 1/3 à 4/5 p. 100.

e. Le carbonate de magnésie se présente aussi, presque invariablement, dans tous les calcaires et dans toutes les pierres à chaux. Dans les plus purs il représente 1 ou 2 p. 100; dans certains cas il s'élève à 40 ou 50 p. 100. Les roches dites *dolomies* ou, calcaires magnésiens sont caractérisées par la

Fig. 76. — Récolte de tangues près de Régneville.

présence d'une grande proportion de carbonate de

magnésie. On les regarde comme moins favorables à l'amendement que les calcaires purs.

Compositions des Tangues, Maerls et Marnes. — Les tangues sont des sables coquillers qu'on récolte surtout sur le littoral normand, près de Régneville et du Mont-Saint-Michel (fig. 76). Elles consistent en carbonate de chaux riche en phosphate de la même base et renfermant souvent jusqu'à 15 p. 100 de matières animales. Ces matières ajoutent beaucoup aux vertus fertilisantes qui font de la tangue un engrais de première valeur. On donne en Bretagne le nom de *màerl* à des dépôts analogues.

L'agriculture tire parti aussi de sables coquillers à plus grands débris et de sables madréporiques. Leur composition est la même, mais en général la proportion de matières organiques est plus faible.

Les *marnes* consistent dans le mélange du calcaire avec l'argile. La proportion du premier de ces corps varie de 5 à 80 ou 90 p. 100. Le plus souvent les marnes sont dues à l'accumulation de coquilles dans le fond vaseux de pièces d'eau douce.

Cuisson et Extinction de la Chaux. — Quand on chauffe le calcaire à une température suffisamment élevée (fig. 77), il se décompose et perd tout son acide carbonique. Ce qui reste est de la chaux pure.

A cet état la chaux est connue sous les noms de *chaux caustique* et de *chaux vive*, et elle diffère beaucoup du calcaire par ses propriétés. Sa saveur est brûlante et alcaline, elle absorbe l'eau avec la

Fig 77. — Four à chaux.

plus grande avidité, tombe en poudre sous l'influence de l'humidité et se dissout dans 732 fois son poids d'eau froide. La solution est connue sous le nom d'*eau de chaux*.

C'est en satisfaisant l'affinité de cette substance

par l'eau qu'on la transforme en *chaux éteinte*. Tout le monde sait que la chaux vive mise en présence de l'eau s'échauffe, dégage de la vapeur, se gonfle, se fendille et finalement se réduit en une poudre blanchâtre dont le volume est deux ou trois fois égal à celui de la chaux d'où elle provient. Une fois éteinte, la chaux contient :

Chaux	76
Eau.	24
	100

Résultat de l'Exposition de la Chaux à l'Air. — Quand on éteint rapidement de la chaux vive, elle conserve, à l'état hydraté, ses propriétés alcalines ; mais si, après qu'elle s'est réduite en poudre, on l'abandonne au contact de l'air, elle absorbe peu à peu l'acide carbonique de l'atmosphère, dégage son eau et reprend son état primitif de carbonate anhydre de chaux. Ceci constaté, la question se pose si l'on fait quelque chose d'utile au point de vue agricole en cuisant la chaux. Or il est facile de reconnaître qu'on obtient aussi des avantages à la fois aux deux points de vue mécanique et chimique.

a. Déjà nous avons dit qu'en s'éteignant la chaux se réduit en une poudre blanche très-fine et volumineuse. Quand elle se reconstitue ensuite à l'état de carbonate, elle conserve néanmoins cet état d'excessive division, et ainsi elle est dans la meilleure condition pour se mêler intimement au sol. Aucun procédé mécanique ne pourrait aussi économiquement réaliser le même effet.

b. Par la cuisson la chaux est amenée à un état de causticité qu'elle conserve pendant un temps plus ou moins long, jusqu'à ce qu'elle ait absorbé l'acide carbonique de l'air ou du sol. A cet état caustique, son action sur le sol et sur les matières organiques est très-énergique, et elle est capable d'effets que ne produirait jamais le calcaire pulvérisé.

c. Les calcaires contiennent souvent du sulfure de fer ou pyrite. La houille ou la tourbe qui servent à la cuisson en renferment également. Pendant la cuisson une portion du soufre brûlé s'unit à la chaux et donne du gypse, qui s'ajoute à celui déjà existant dans le calcaire.

d. Les matières terreuses et siliceuses sont parfois abondantes dans les calcaires. Par la calcination elles entrent dans la constitution d'un silicate calcique qui, finement divisé et mélangé intimement à la terre, apporte aux plantes, dans un état convenable de dissolution, la silice dont elles ont besoin.

Améliorations du Sol dues à la Chaux. — La chaux agit sur les pâturages en donnant aux herbes plus de finesse, plus de douceur et plus de vertu nutritive. Dans les terres arables, elle adoucit et ameublit les argiles, rend les cultures plus productives, de meilleure qualité et de plus grande précocité. On admet qu'elle détruit l'oseille et les autres plantes acides.

Il y a d'ailleurs lieu, dans un même champ, de répéter les applications de chaux, car les diverses plantes cultivées en enlèvent des quantités variables et souvent considérables. De plus, les pluies en dissolvent une grande partie, qui disparaît dans la profondeur.

Toutefois il ne faut pas ajouter de la chaux à un champ sans discernement. Un excès de cette substance s'oppose à beaucoup de cultures; mais il arrive quelquefois qu'on peut remédier à cet état de choses, et les procédés à cet égard sont très-nombreux, variés suivant les localités, et dépourvus jusqu'ici du vrai caractère scientifique.

CHAPITRE XVI.

AMÉLIORATION DES SOLS PAR L'ÉCOBUAGE.

Un procédé d'amélioration souvent mis en usage sur les sols pauvres consiste à les peler et à en calciner la surface. L'opération porte le nom d'*écobuage*. On en comprend facilement le but : les mottes de terre de la superficie se composent de beaucoup de matière végétale, mélangée d'une faible quantité de substances terreuses. Quand elles sont brûlées, les cendres des plantes restent seules, mêlées intimement à la terre calcinée. Étendre ce produit sur la terre, c'est faire à peu près la même chose qu'y apporter de la cendre de bois ou de tourbe, substance dont les bons effets sont universellement reconnus.

Cette pratique a en outre le grand avantage de détruire beaucoup de plantes nuisibles et en même temps une immense quantité d'insectes et d'autres petites bêtes qui infestent souvent les couches superficielles du sol.

Changements chimiques produits par l'Écobuage. — Quand un sol est calciné, sa substance organique est plus ou moins complètement détruite; la portion volatile se dégage sous la forme d'eau et d'acide carbonique, pendant que les constituants salins et terreux restent dans le sol sous la forme d'une poudre plus ou moins fine. Dans cette opération la terre perd presque tout son azote, mais ordinairement les sols qu'on écobue sont peu azotés et ne contiennent ce corps qu'à des états de combinaison non favorables à une prompte assimilation par les plantes. Naturellement le résidu salin et terreux est identique à celui que donnent les végétaux quand on les réduit en cendres, et leur état pulvérulent les rend faciles à absorber par les cultures.

La calcination de la portion minérale du sol amène souvent certains principes à un état de combinaison plus soluble. Ainsi le Dr Vœlcker a constaté que certaines argiles qui à l'état naturel contiennent 0,269 de potasse soluble, en renferment 0,941 après calcination. C'est là évidemment un des plus grands perfectionnements que l'écobuage puisse donner au sol.

La soude se comporte comme la potasse, et il ne faut pas oublier que la chaux subit la cuisson, dont les effets favorables nous ont précédemment occupé.

Effets mécaniques de l'Écobuage. — Au point de vue mécanique, l'écobuage est très-efficace aussi.

Les sols argileux et compacts, difficiles à travailler, deviennent pulvérulents et aisément labourables; l'eau et l'air y circulent aisément, et l'on sait que toutes les conditions sont excellentes pour la végétation.

Excès d'Écobuage. — Il faut d'ailleurs se garder de réaliser la calcination à une température trop élevée et de la prolonger trop longtemps. La proportion d'alcali soluble y diminue, et la terre subit une vraie cuisson qui lui donne l'apparence de briques concassées.

Fertilité des Argiles écobuées. — D'après plusieurs auteurs dignes de confiance, les bons effets de l'écobuage sont dans certains cas merveilleux. Ils persistent pendant une fort longue durée et rendent superflu pour diverses cultures l'apport d'aucun amendement. Il faut toutefois reconnaître que les effets ne sauraient être les mêmes sur tous les sols et qu'ils dépendent avant tout de leur composition.

CHAPITRE XVII.

AMÉLIORATION DE LA TERRE PAR L'IRRIGATION.

L'irrigation de la terre est en définitive un mode particulier d'amendement, dont la nature et les effets varient d'un pays à l'autre. Dans les climats secs et arides, où il pleut rarement, le sol peut contenir tous les éléments de fertilité et réclame seulement un appoint d'eau qui lui manque. Mais dans les climats tempérés l'eau ne se borne pas à humidifier le sol et à l'empêcher de se craqueler par dessiccation. Ses effets consistent surtout à soumettre la terre à un véritable lavage qui enlève, pour les charrier jusqu'aux tuyaux de drainage, tous les principes malfaisants qui y sont contenus.

Il est rare que les eaux d'irrigation soient pures. Le plus souvent les rivières détournées pour cet objet sont plus ou moins limoneuses ou chargées de matières organiques dont les effets bienfaisants sur les cultures sont très-connus. Dans ce cas l'irrigation réalise évidemment un amendement graduel et uniforme.

La nature des produits apportés par l'eau varie avec la sorte de roche d'où elles sortent et avec les conditions au milieu desquelles elles se sont écoulées à la surface. Aussi n'est-il pas étonnant que les propriétés fertilisantes des diverses eaux soient très-différentes les unes des autres.

Cependant il arrive de rencontrer dans le même pays des sources qui semblent identiques et qui cependant diffèrent profondément quant à leur valeur au point de vue des irrigations. Tel est le cas dans les Vosges, où l'irrigation est très-pratiquée. Ainsi la même quantité d'eau, provenant de deux sources voisines employées dans des prairies contiguës et en proportions égales, a donné des résultats différant dans la proportion de 1 à 4.

Cependant l'examen chimique de ces sources, fait par MM. Chevandier et Salvétat, a montré que la différence ne tenait :

Ni à la quantité ni à l'espèce de gaz tenu en dissolution;

Ni à la quantité de matières minérales dont les deux eaux étaient également pourvues;

Ni à la quantité de matières organiques dont la mauvaise eau était le mieux approvisionnée;

Ni à la quantité d'azote contenu dans cette matière organique;

Mais à cette circonstance décisive, que dans la bonne eau la matière organique, quoique moins abondante, était plus riche en azote.

CHAPITRE XVIII.

FIXATION DES SELS SOLUBLES PAR LES SOLS.

Les substances qui sont le plus abondantes dans les cendres des plantes ne forment qu'une faible partie du poids du sol. Le potassium et les composés de l'acide phosphorique dominent dans ces cendres, tandis qu'ils ne représentent souvent pas un centième du poids du sol. Déjà nous avons vu que l'eau qui filtre au travers de la terre entraîne dans les drains et dans les rivières une certaine quantité des éléments solubles du sol. Or comme la quantité d'eau qui filtre ainsi durant une année est énorme, et comme la proportion de cette partie du sol dont les récoltes en grandissant ont besoin est comparativement très-faible, ne devons-nous pas craindre que, dans un avenir plus ou moins prochain, toutes les portions nutritives de la terre arable lui soient enlevées? Un semblable appauvrissement du sol par le drainage aurait lieu depuis bien longtemps si les argiles ne jouissaient de la propriété de retenir la potasse et les matières salines alors même que de grandes quantités d'eau les traversent. Les sels ammoniacaux eux-mêmes, qui, isolés, sont si facilement solubles dans l'eau, ne sont plus entraînés par ce liquide dès qu'ils font partie des éléments du sol. Aussi désignons-nous par *pouvoir absorbant du sol* la propriété d'extraire certains corps de leurs solutions et de les retenir même quand ils sont soumis à l'action de l'eau courante.

Expériences sur le Pouvoir d'Absorption. — Dans ces dernières années M. Way a réalisé diverses expériences sur le pouvoir absorbant du sol. Des solutions salines variées, sel ordinaire, chlorhydrate d'ammoniaque, nitrate de potasse, etc., furent filtrées au travers d'une couche d'argile de 10 pouces d'épaisseur et davantage. Chaque solution, après sa filtration, fut analysée avec soin et, à peu d'exceptions près, on trouva qu'elles avaient perdu tout ou partie de la matière saline qu'elles contenaient. L'auteur reconnut que le carbonate et le phosphate d'ammoniaque, ainsi que le superphosphate de chaux, sont extraits par le sol de leurs dissolutions, tandis que les nitrates, sulfates et chlorhydrates d'ammoniaque, de potassium et de sodium, abandonnent leurs bases seules dans la terre. Après filtration leur dissolution ne contient plus que les acides azotique, sulfurique ou chlorhydrique. On peut dire d'une manière générale que c'est la base que le sol retient et non pas l'acide.

Inégal Pouvoir absorbant des divers Sols sur les Amendements. — Toutes les espèces de sols jouissent de la propriété d'absorber les bases de leurs solutions salines; mais cette propriété leur est dévolue d'une manière inégale. Les sols arables, poreux, sont plus actifs que les argiles compactes. Les sols tourbeux se placent entre les deux précédents.

Un sol donné n'a pas un pouvoir absorbant illimité vis-à-vis des amendements. Par exemple, si une solution de phosphate d'ammoniaque a passé pendant quelque temps sur un poids donné de sol, elle passe ensuite inaltérée au travers de ce même sol, qui est réellement saturé. Mais on peut y faire passer de l'eau pure pour enlever ce sel qui, malgré sa grande solubilité, a plus d'adhérence encore par la matière terreuse que pour l'eau elle-même.

Inégale Absorption des diverses Substances par un même Sol. — Des expériences directes ont montré que les bases principales doivent être rangées dans l'ordre normal d'après l'affinité qu'un même sol manifeste à leur égard en les extrayant de leur dissolution : ammoniaque, potasse, magnésie, chaux et soude.

État physique sous lequel les Plantes absorbent les Principes nutritifs du Sol. — Liebig a émis l'opinion que les végétaux ne prennent pas dans le sol leurs éléments à l'état de dissolution. Il semble cependant improbable que des substances solides puissent pénétrer dans l'organisme des plantes, et nous devons attendre, pour nous faire une opinion arrêtée, que de nouvelles expériences aient été tentées dans cette voie intéressante.

CHAPITRE XIX.

L'ÉPUISEMENT DES SOLS.

Réserve d'Aliments que les Végétaux trouvent dans la Terre. — La quantité de matières minérales que les récoltes, même les plus épuisantes, extraient du sol, est extrêmement petite quand on la compare à la quantité que les mêmes cultures laissent intacte. Cependant si on retire récolte après récolte d'un même sol, et si on ne restitue pas par les engrais les matières enlevées, on suit un régime qui ne peut pas être continué indéfiniment. Il en résulte un appauvrissement progressif du sol.

Expériences de Rothamshead. — Les expériences les mieux conduites et les plus étendues faites sur ce sujet ont été poursuivies depuis 1843 jusqu'à l'époque actuelle par MM. Lawes et Gilbert à Rothamshead dans le comté de Hertford. Pendant vingt ans de l'orge fut continuellement semée dans le même champ sans application d'engrais d'aucune espèce. Le résultat fut qu'il est possible de faire pousser ainsi des céréales indéfiniment sur le même terrain non amendé, mais qu'au bout de peu de temps on constate une décroissance continue dans les produits. On trouvera probablement qu'une culture plus soignée et une plus grande pulvérisation du sol retarderaient cette décroissance du produit, mais aucun soin mécanique ne pourrait indéfiniment s'opposer à l'épuisement du sol. Sans aucun doute, il faudrait un temps extrêmement long pour produire cet épuisement. On a calculé que dans beaucoup de sols la quantité d'acide phosphorique et de potasse est suffisante pour fournir à des centaines de récoltes, mais même si un sol spécial contient vingt ou trente fois plus d'acide phosphorique que la récolte n'en demande, ce sol doit certainement dans la pratique être trouvé presque stérile ; il doit être improductif parce que les plantes poussant à sa surface trouvent beaucoup de difficultés à recueillir leurs aliments dans cet approvisionnement relativement insuffisant. Quoique les racines des plantes s'y ramifient d'une manière merveilleuse, on ne peut pas s'attendre à ce qu'elles se mettent en contact avec toutes les particules du sol.

Rotation des Cultures. — On appelle ainsi le système suivant lequel on fait succéder les plantes les unes aux autres dans la même pièce de terre. En France on cultivait autrefois la première année une céréale d'hiver, la deuxième année une céréale de printemps, la troisième annee une prairie ou rien. Puis on recommençait en suivant le même ordre : *froment*, *avoine*, *jachère* ou *prairie*, et ainsi de suite indéfiniment. La durée de la période était de trois ans, et le système portait le nom de *rotation triennale;* il règne encore aujourd'hui dans la plupart des régions de la France, et les baux de fermage sont toujours fondés sur cette base.

La composition des rotations doit être basée sur le principe de l'alternance des groupes agricoles. L'expérience pratique ayant fait reconnaître que les céréales donnent plus de produits quand elles alternent avec les plantes des autres groupes, il en résulte qu'elles doivent revenir tous les deux ans seulement, et que par suite la rotation doit comprendre un nombre pair d'années. Dans ce système, les céréales ne sont cultivées que sur la moitié du terrain, tandis que dans celui des rotations triennales elles en occupaient les deux tiers; mais d'une part les céréales, grâce à l'alternance et à des fumures plus abondantes, rapportent sur la moitié du terrain plus de produits qu'elles n'en donnaient sur les deux tiers du domaine, dans la rotation triennale. D'autre part, les prairies et les racines cultivées sur une plus grande étendue de terres permettent de nourrir un bétail plus nombreux. Il en résulte deux avantages considérables : une production de fumier plus abondante dont les céréales profitent, et des animaux de boucherie en plus grande quantité. L'agriculture, basée sur l'alternance, fournit donc à l'alimentation publique plus de pain et plus de viande.

Dans le département du Nord, où l'agriculture est le plus florissante, sur 449,349 hectares de terres arables, 216,691 seulement sont cultivées en céréales.

Le système de la rotation quadriennale est le type des rotations fondées sur l'alternance; il peut suffire à tous les besoins de l'agriculture. Dans ce système on cultive, la première année, les céréales d'hiver, froment, seigle, etc.; la deuxième année, les racines, légumineuses à graines et plantes industrielles; toutes sont des plantes sarclées; la troisième année, les céréales de printemps, avoine, orge, etc.; la quatrième année, les pâturages annuels et les récoltes dérobées.

Dans ce système, les engrais doivent être donnés en première et en deuxième année.

CHAPITRE XX.

GERMINATION DES GRAINES.

Quand une graine est placée dans la terre, dans des conditions favorables de chaleur et d'humidité, elle commence à croître (fig. 78). Elle pousse un bourgeon par en haut et produit une racine par en bas; mais jusqu'à ce que les feuilles s'épanouissent et que les racines soient plus fortement entrées dans le sol, la jeune plante ne tire aucun aliment, sauf de l'eau, ni de la terre ni de l'air. Elle vit de l'amidon et du gluten renfermés dans la graine.

Ces substances, quoique susceptibles d'être séparées l'une de l'autre au moyen de l'eau, ainsi qu'on l'a vu plus haut, sont absolument insolubles dans ce liquide. Par conséquent, à moins de subir un changement chimique convenable, elles ne peuvent pas pénétrer dans la sève et circuler dans les vaisseaux du jeune bourgeon qu'elles sont destinées à nourrir. Mais les choses sont naturellement arrangées de telle sorte qu'au moment où la graine commence à croître, il se produit à la base du germe une petite quantité d'une substance blanche soluble appelée *diastase*. Celle-ci a une action si puissante sur l'amidon, qu'il est immédiatement rendu soluble dans la sève, et par conséquent transporté comme aliment dans la tige et dans les racines. Ainsi transformé, l'amidon soluble devient ce qu'on appelle de la *dextrine*.

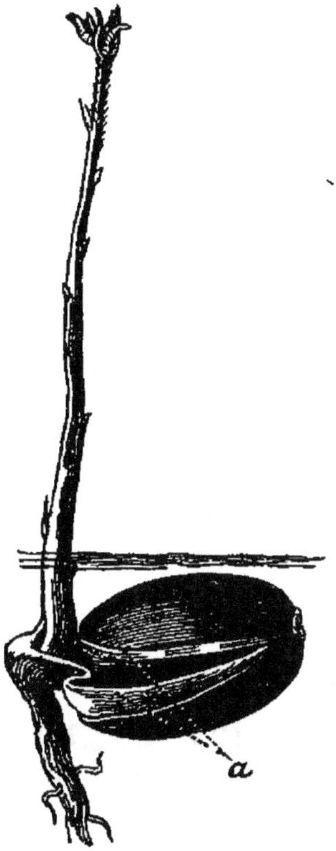

Fig. 78
Germination du gland.

Dans les graines huileuses qui ne contiennent pas d'amidon, le mucilage et l'huile jouent le même rôle que lui dans l'alimentation de la jeune plante. Il paraît résulter d'expériences de Fleury et de Sachs que dans les graines oléagineuses la dextrine et le sucre sont formés par l'oxydation des corps gras.

A mesure qu'elle s'élève, la sève devient de plus en plus sucrée, et cela vient de ce que la dextrine se transforme progressivement en sucre. Lorsque le bourgeon en grandissant devient vert, ce sucre de nouveau se transforme en cellulose ou matière ligneuse, dont la tige des plantes parfaites est principalement formée. En même temps que la nourriture emmagasinée dans la graine dépérit, et souvent longtemps avant l'épuisement complet, la plante devient capable de vivre de ses propres forces aux dépens de l'air et du sol.

Le changement du sucre en cellulose peut s'observer plus ou moins aisément dans toutes les plantes. Quand la croissance est rapide, le sucre est plus abondant, non pas cependant dans les parties du végétal en train de se développer, mais dans celles où circule la sève en route pour les parties qui poussent. Ainsi le sucre de la sève ascendante de l'érable et de l'aulne disparaît dans la feuille et à l'extrémité des rameaux; la canne à sucre n'est douce qu'à une certaine distance au-dessus du sol, jusqu'au point d'où sortent de nouveaux rameaux; et de même les jeunes betteraves et les jeunes navets sont plus riches en sucre que les mêmes plantes plus âgées.

Quand un épi mûrit, le goût sucré d'abord si sensible dans le jeune grain va graduellement en diminuant, jusqu'à disparaître. Ici le sucre est changé en amidon qui, emmagasiné dans la graine, est destiné, comme on vient de le voir, à retourner à l'état de dextrine et de sucre.

Pour les fruits il y a durant la maturation différentes séries de modifications. Tout d'abord le fruit est insipide, puis il devient acide et finalement sucré. Il peut arriver que ce soit l'acide qui par la maturation se transforme en sucre; souvent aussi le sucre s'ajoute à l'acide et en masque simplement l'âcreté.

Influence de la Lumière sur la Germination. — Une opinion vulgaire est que les graines ne germent bien que si elles sont soustraites à l'influence de la lumière. Cependant, dans la nature, nous voyons fréquemment que des graines sont simplement déposées sur le sol et germent en pleine lumière. Des expériences directes d'Hoffmann ont démontré que toutes les graines peuvent germer dans ces conditions d'éclairement. D'un autre côté Hunt a conclu de ces essais que la lumière empêche la germination des graines.

Influence de la Chaleur. — On a reconnu que les graines ne germent pas au-dessous de 37 degrés Fahrenheit ni au-dessus de 128 degrés de la même échelle. Elles conservent leur vitalité à des températures très-basses, mais si on les chauffe au-dessus de 168 degrés Fahrenheit, elles sont tuées à quelques rares exceptions près. Des graines abandonnées par une expédition à l'intérieur du cercle arctique et ramenées en Europe quelques années plus tard, se mirent à germer sans offrir aucun fait spécial.

Influence de certains Agents chimiques. — Dans un travail tout récent, M. Eckel a appelé l'attention sur plusieurs faits assez intéressants. Il a reconnu par exemple que tandis que l'acide phénique se borne à suspendre la faculté germinative, l'acide salycilique la détruit d'une manière tout à fait définitive.

Humidité nécessaire à la Germination. — Les graines ne peuvent pas germer sans eau, mais la quantité nécessaire de ce liquide varie avec la nature des végétaux. En général, il faut que le sol soit humide, mais non pas mouillé.

Pendant la germination certaines graines absorbent de très-grandes quantités d'eau, tandis que d'autres n'en prennent qu'une proportion beaucoup moindre. Ainsi la moutarde absorbe 8 p. 100 d'eau pendant la germination, et la luzerne blanche 126,7 p. 100. Les graines des céréales le plus ordinairement cultivées absorbent environ la moitié de leur poids d'eau, tandis que les graines des fourrages et des légumes en prennent leur propre poids.

Gaz dégagés pendant la Germination. — Un fait remarquable est que les graines ne germent pas dans l'oxygène pur; mais si on les expose à un mélange de 4 parties d'hydrogène et 1 partie d'oxygène, elles germent de la manière normale. L'acide carbonique est dégagé en abondance et l'oxygène est absorbé. MM. Dehérain et Landrin se sont assurés que l'azote est exhalé aussi, mais seulement dans les premiers temps de la germination.

Résumé. — On voit en résumé que le développement de l'embryon contenu dans une graine se fait aux dépens des aliments dont la plante mère a réuni une provision, et que cette provision est calculée de façon à faire vivre le nouvel être jusqu'au moment où il a en lui la force suffisante pour tirer directement sa nourriture du sol et de l'atmosphère.

CHAPITRE XXI.

ASSIMILATION DU CARBONE, DE L'OXYGÈNE ET DE L'HYDROGÈNE PAR LES PLANTES.

L'oxygène, l'hydrogène, le carbone et l'azote se trouvent toujours dans toutes les plantes et dans tous les animaux; et comme ils constituent la grande partie des corps organiques, ils ont été appelés *éléments organiques*.

Absorption de l'Acide carbonique. — Ce gaz est absorbé seulement par les plantes exposées à la lumière, et spécialement aux rayons directs du soleil. Dans l'obscurité, l'oxygène est absorbé et l'acide carbonique est exhalé, ce qui indique qu'une partie de la plante se brûle quand la lumière n'agit pas. Les réactions que détermine l'acide carbonique dans le merveilleux laboratoire végétal ne sont pas encore parfaitement connues; mais nous savons qu'une grande partie de son oxygène en est séparé et rejeté dans l'atmosphère à l'état de pureté. L'influence de la lumière qui donne aux plantes la faculté d'absorber et de décomposer l'acide carbonique a été démontrée par beaucoup d'expérimentateurs, mais aucun ne l'a fait d'une manière plus nette que M. Boussingault. Ses premières expériences datent de 1840. Maintenant les plantes dans leurs conditions normales d'existence, M. Boussingault avait démontré à cette époque que si l'on introduit un rameau de vigne dans un ballon exposé au soleil, et qu'on détermine un courant d'air au travers de l'appareil, on trouve toujours moins d'acide carbonique dans l'air qui a passé sur les feuilles que dans l'air normal, soit 0,0002 d'acide carbonique dans l'air du ballon, et 0,00045 dans l'air de la cour où fonctionnait l'appareil.

Dans ces derniers temps l'illustre agronome a comparé le volume de l'oxygène rendu à l'air par les plantes au volume d'acide carbonique qu'elles lui enlèvent.

Sur quarante et une expériences, dit-il, il en est quinze dans lesquelles le volume de l'oxygène apparu a été un peu plus grand que le volume de l'acide carbonique disparu.

Dans les autres, c'est le contraire qui a eu lieu. Dans treize cas seulement il y a eu à peu près égalité entre les deux volumes de gaz, du moins la différence n'a pas dépassé quatre dixièmes de centimètre cube. La disparition d'une partie de l'oxygène constitutif de l'acide carbonique peut être attribuée tout naturellement à une assimilation opérée par l'organisme de la plante, tandis que l'émission d'un volume de ce gaz plus grand que le volume de l'acide gazeux éliminé ne saurait être expliquée qu'en admettant que, sous l'influence de la lumière solaire, les parties vertes des végétaux décomposent l'eau en fixant l'hydrogène.

Enfin, ajoutons que M. Boussingault a reconnu que les feuilles exposées au soleil dans de l'acide carbonique pur ne décomposent pas ce gaz, ou si elles le décomposent, ce n'est qu'avec une excessive lenteur.

Tous les rayons lumineux ne sont pas également efficaces pour déterminer la décomposition de l'acide carbonique, et le tableau suivant montre l'accroissement relatif de haricots exposés pendant trois semaines à des rayons de couleur différente :

	Matières organiques.	Cendres.
Lumière blanche	0,452	0,082
— violette	0,278	0,052
— rouge	0,189	0,075
— jaune	0,168	0,054

Les feuilles mortes ne décomposent pas l'acide carbonique, et les parties vertes (chlorophylle) des plantes jouissent seules de cette propriété. On a cru quelque temps que toutes les feuilles, quelle que fût leur couleur, pouvaient décomposer l'acide carbonique; mais l'on a reconnu que celles qui le faisaient — les feuilles de l'*Atriplex hortensis* par exemple, qui sont d'un pourpre foncé — renferment de la chlorophylle, masquée par une couleur plus voyante.

Assimilation de l'Oxygène et de l'Hydrogène. — Le dégagement d'oxygène par les plantes est en rapport avec l'intensité de la lumière; dans l'obscurité il s'arrête, et les plantes émettent de l'acide carbonique, en absorbant complètement l'oxygène. Des expériences faites sur des plantes aquatiques tenues dans l'obscurité montrent qu'elles consomment peu à peu l'oxygène dissous, et quand celui-ci fait défaut, elles ne tardent pas à périr asphyxiées. Quand on fait l'analyse de l'eau, on reconnaît que les plantes ont absorbé jusqu'à la dernière trace d'oxygène, et que l'eau ne renferme plus que de l'azote et de l'acide carbonique.

Des substances végétales comme les résines, les essences, les sucs propres (caoutchouc), sont exclusivement formées de carbone et d'hydrogène. Cet hydrogène ne paraît pas être absorbé par les plantes sous la forme gazeuse, mais à l'état d'eau et d'ammoniaque.

CHAPITRE XXII.

ASSIMILATION DE L'AZOTE PAR LES PLANTES.

La proportion de l'azote des plantes est de 1,75 p. 100 et ce gaz constitue environ les quatre cinquièmes du poids total de l'atmosphère ; cependant il est très-probable que les plantes ne peuvent pas utiliser la plus petite proportion de cette provision illimitée d'azote qui les entoure. Pendant plusieurs années cette question : les plantes peuvent-elles assimiler l'azote libre? fut discutée par beaucoup de chimistes agronomes des plus distingués.

De 1849 à 1852, M. Georges Ville fit des expériences dont le résultat le porta à conclure que les plantes absorbent l'azote libre aussi bien que l'ammoniaque ou l'acide azotique.

En 1855, une Commission formée de MM. Dumas, Regnault, Payen, Decaisne, Péligot et Chevreul, répéta les expériences de M. G. Ville et en confirma le résultat.

M. de Luca, en 1856, émit l'opinion que l'oxygène dégagé par les plantes se présentant sous la forme d'ozone, pouvait convertir l'azote libre de l'air en acide azotique, qui alors fournirait l'azote aux plantes. L'année précédente M. Cloëz supposait que l'azote devait se convertir en acide nitrique par le simple contact des corps alcalins et poreux.

M. Roy, en 1854, avait développé une théorie en vertu de laquelle les plantes incapables d'absorber par leurs feuilles l'azote libre de l'air, pouvaient au contraire extraire au moyen de leurs racines ce gaz de sa solution aqueuse contenue dans le sol.

Nous arrivons maintenant à l'énumération des auteurs qui ont soutenu l'opinion inverse.

Il y a environ cent ans Sennebier et Wood House arrivèrent par expérience à la conclusion que l'azote libre n'est pas assimilable par les plantes. A la fin du siècle dernier et au commencement de celui-ci, Saussure fit beaucoup d'expériences qui lui montrèrent que les plantes tiraient l'azote non pas du gaz libre qui était dans l'air, mais des matières organiques solubles contenues dans le sol, et aussi de l'ammoniaque atmosphérique.

M. Boussingault aborda ce sujet en 1837, et il en poursuivit l'étude pendant vingt ans avec son habileté ordinaire. Les résultats furent diamétralement opposés à ceux de M. Ville, c'est-à-dire favorables à l'opinion de Sennebier.

Mené en 1851 et Artigue en 1855 publièrent des

résultats conformes à ceux de M. Boussingault; mais les expériences les plus décisives à cet égard sont, pensons-nous, celles de MM. Lawes, Gilbert et Pogh, publiées en 1860 dans les Transactions de la Société royale de Londres. Leur conclusion est que l'azote libre n'est pas absorbé par les plantes.

L'acide nitrique considéré comme Source d'Azote. — Une des sources les plus abondantes où les plantes puisent leur azote, c'est l'acide azotique. Cette substance se rencontre dans le jus de beaucoup de végétaux; elle existe dans la terre et abonde dans les eaux qui filtrent au travers du sol. Elle résulte de l'oxydation de l'ammoniaque; et beaucoup de chimistes pensent que ce dernier corps passe par l'état d'acide azotique avant de fournir l'azote aux végétaux.

CHAPITRE XXIII.

DE L'APPLICATION DES ENGRAIS.

Utilité des Engrais. — Les récoltes produites sur un sol lui enlèvent une certaine quantité de matières minérales et d'azote. Si les parties comestibles des récoltes sont consommées dans la ferme, et que les excréments solides et liquides des animaux retournent sur les sols, ceux-ci augmenteront de fertilité jusqu'à un certain point. Le cas est cependant très-rare où les produits d'une terre sont consommés sur le point même de production de façon que les produits de leur décomposition soient rendus au sol, à l'exception près des matières gazeuses, d'ailleurs peu abondantes. Un caractère général de tous les systèmes agricoles pratiqués dans les contrées civilisées, c'est qu'une grande partie des produits végétaux et animaux de la ferme sont exportés et consommés à distance. Les matières dans lesquelles ces produits sont conservés, au lieu de retourner dans la terre où on les a récoltés, sont trop souvent déchargées dans les rivières qui les transportent dans l'Océan. La question est donc celle-ci : comment le fermier peut-il continuer à exporter la plus grande partie du produit de ses terres, et cependant maintenir la fertilité de son sol ?

Théorie minérale de Liebig. — Le savant allemand qui a tant contribué par ses travaux à fonder la science agricole, accordait à la matière organique de la terre arable une influence qu'elle n'a que très-rarement.

La quantité d'azote qui est contenue dans la terre arable est si considérable, que s'il était démontré que les plantes peuvent l'absorber directement, on en devrait conclure que le sol est assez abondamment fourni de principes riches en azote, pour qu'il soit inutile de lui en ajouter avec les engrais de nouvelles proportions. Liebig ne reculait pas devant cette conclusion si pleinement en désaccord avec l'expérience journalière des cultivateurs; et c'est en s'appuyant sur les dosages d'azote exécutés sur des terres bien cultivées, qu'il formulait sa fameuse théorie dans laquelle les engrais composés de substances minérales présentent seuls de l'intérêt, les engrais azotés n'ayant aucun effet sur la végétation.

Expériences de MM. Lawes et Gilbert. — Ces idées furent vivement attaquées, surtout par les nombreuses expériences exécutées à Rothamshead par MM. Lawes et Gilbert. Pendant plus de vingt ans, ces deux agronomes ont répété sur le sol des expériences comparatives sur l'emploi des engrais minéraux, sur celui d'un mélange renfermant, outre les sels de potasse et les phosphates, des sels ammoniacaux; tandis que d'autres parcelles toujours cultivées sans engrais, permettaient d'établir une comparaison complète et de reconnaître nettement quelle avait été l'influence de l'engrais.

Les expériences qui portèrent sur des cultures de blé furent commencées en 1844. Cette année-là, le superphosphate de chaux et le silicate de potasse donnèrent un produit supérieur de 77 livres seulement à celui que fournit le carré sans engrais; en 1845, cette même parcelle reçut des sels ammoniacaux, et son rendement devint supérieur de 2000 livres à celui du carré sans engrais.

En 1846, le rendement des carrés sans engrais, de ceux qui reçurent des engrais minéraux, et enfin des engrais minéraux associés à des sels ammoniacaux, fut respectivement de 2720 livres, 2671 et 4094. Les essais poursuivis pendant toutes les années suivantes donnèrent des résultats dans le même sens; de telle sorte qu'on put conclure que les principes minéraux qui forment les cendres du blé, ajoutés au sol, n'accrurent nullement sa fertilité, et que le produit fut directement proportionnel aux quantités d'ammoniaque que le sol reçut.

CHAPITRE XXIV.

CE QUE LE SOL PERD ET GAGNE PENDANT LA VÉGÉTATION.

Exportation d'une Ferme. — Une grande partie de l'azote et des matières minérales tirées du sol par la culture lui sont rendues sous forme de chaume de paille, de tiges et de feuilles, et sous celle de fumier, par les animaux qui ont consommé sur place une partie de la récolte. La quantité de matière minérale enlevée au sol d'une ferme à la fois avec les produits animaux et végétaux varie suivant le système de culture adopté, mais dans des limites peu étendues. Il arrive quelquefois que le fermier, quand son bail va expirer et ne doit pas être renouvelé, adopte le plan de tirer autant que possible de la terre sans lui rien donner en échange. Dans de telles conditions une grande quantité d'azote et de matières minérales sont extraites du sol ; mais on ne pourrait pas continuer longtemps ainsi. M. Lawes a montré que dans un court espace de temps une terre récoltée mais non amendée refuse de produire des récoltes rémunératrices, mais n'est pas compromise d'une manière permanente. Une faible proportion de la matière propre à nourrir les plantes qui se trouve dans le sol est seule dans une condition favorable à l'assimilation. Quelques récoltes de grains produites successivement enlèvent une quantité considérable de cette nourriture immédiatement utilisable, mais la terre qui a cessé d'être succulente est très-loin de la condition des terres stériles. En effet, des labours peuvent ramener une portion de phosphate et des sels potassiques, etc., qui existent dans la partie rocheuse du sol, et cette opération, combinée avec l'apport d'engrais, rétablit bientôt le terrain dans sa fertilité première.

La raison pour laquelle il est impossible d'arriver à épuiser un sol, est que dans un temps très-court les récoltes deviennent si pauvres qu'elles ne couvrent plus les frais de culture. MM. Lawes et Gilbert ont montré le résultat de la culture de navets pendant trois ans de suite et sans application d'engrais. La première année on eut une récolte pesant 9388 livres, la seconde année 4956 livres et la troisième 1536 livres. Dans ce même champ on appliqua ensuite du fumier de ferme à raison de douze tonnes par acre. La récolte de la première année fut de 21,133 livres, celle de la seconde de 24,108 livres et celle de la troisième s'éleva à 38,170 livres. Dans ces expériences l'influence productive du fumier est apparue avec évidence deux années après sa première application.

La proportion d'azote et des éléments salins extraite d'une ferme est moindre si les produits consistent en viande, en beurre, en fromage et en lait, que s'ils sont composés de substances végétales, comme le grain et les pommes de terre.

Les proportions d'azote et de sel enlevés annuellement d'un acre de terre dépendent du système de culture adopté et de la nature des produits exportés.

Le Sol perd par le Drainage. — Il faut aux pertes causées par les récoltes ajouter celle que procure l'écoulement des eaux de drainage. Celle-ci est d'ailleurs fort peu considérable en ce qui concerne l'ammoniaque et l'acide phosphorique, mais elle est plus sensible pour l'azote qui est entraîné sous la forme d'acide azotique. Il résulte d'expériences précises que chaque pouce de pluie qui pénètre dans le sol assez profondément pour atteindre les racines, détermine une perte d'azote de 2 1/4 livres par acre.

Gains réalisés par le Sol. — Les pertes essuyées par le sol, et que nous venons d'énumérer, sont compensées en tout ou en partie par trois procédés : 1° par l'absorption et la condensation de l'azote atmosphérique; 2° par les engrais naturels ou artificiels apportés dans la ferme; 3° par les engrais produits dans la ferme par l'usage d'aliments importés du dehors.

CHAPITRE XXV.

EFFETS PRODUITS PAR LES ENGRAIS SUR LA QUALITÉ ET LA QUANTITÉ DES RÉCOLTES.

Les analyses de cendres de plantes font voir des différences considérables dans leur composition. Il y en a de riches en potasse; d'autres contiennent une forte proportion de magnésie et ainsi de suite. Mais il est évident qu'en amendant une terre en vue de récoltes spéciales, il faut se préoccuper des besoins de chaque plante. Par exemple, puisque les pommes de terre sont riches en potasse, un engrais destiné à ce tubercule doit être suffisamment chargé de sels potassiques. De ce que les luzernes abondent en acide sulfurique, on conclura qu'il faut les amender avec du gypse ou un autre sulfate.

L'influence des engrais sur les plantes a été démontrée par beaucoup d'expériences qui ont confirmé les pratiques des agronomes. Ainsi un jardinier sait qu'il perfectionne ses roses en ajoutant au sol des composés de manganèse, et qu'il rougit ses jacinthes en les arrosant avec la solution du carbonate de soude. Le carbonate de potasse active la végétation des tiges et des feuilles de la vigne. L'effet si net que produit la chaux sur la luzerne est connu de tous les fermiers.

Le tableau suivant montre les effets produits sur la quantité de récoltes par un poids égal de différents engrais appliqués au même sol, ensemencé d'une égale quantité de la même graine.

Engrais employé.	Produit en boisseaux de chaque boisseau de graines semées.			
	Froment.	Orge.	Avoine.	Seigle.
Sang	14	16	12,5	14
Vidange	—	13	14,5	13,5
Fumier de mouton. . .	12	16	14	13
Fumier de cheval . . .	10	13	14	11
Fumier de pigeon . . .	—	10	12	9
Fumier de vache . . .	7	11	16	9
Engrais végétal. . . .	3	7	13	6
Aucun engrais	—	4	5	4

Il est probable que sur des sols différents le produit ne serait pas ordonné de la même manière, mais on trouverait toujours que les engrais animaux sont les plus fertilisants que l'on puisse employer.

Les engrais ne produisent pas toujours les mêmes effets en différents pays. Ainsi les os, qui donnent des résultats si merveilleux en Angleterre, sont infiniment moins actifs dans beaucoup de parties de l'Allemagne.

Toutes les fois que l'on trouvera qu'une culture exige une substance qui n'existe pas normalement dans le sol, il faudra en conclure que cette substance est un engrais spécifique pour la culture considérée. Si on s'attaque à un sol déjà pourvu de cette substance, il est clair que l'engrais qui en est chargé ne peut donner lieu qu'à un effet peu marqué.

La même remarque s'applique aux engrais artificiels mélangés ; ils ne peuvent pas convenir à toutes les cultures ni à tous les sols. Les engrais végétaux et animaux que nous offre la nature sont tous des mélanges d'un nombre considérable de substances organiques et minérales. Avec nos engrais composés, nous imitons en définitive la nature elle-même, et nous augmentons ainsi nos chances de fournir à un sol donné les éléments qui lui manquent ; mais il peut toujours se faire que le résultat ne soit pas atteint.

MM. Lawes et Gilbert ont cherché par d'innombrables expériences à préciser l'action de chaque sorte d'engrais sur les différentes cultures. Notre cadre nous interdit de suivre les savants auteurs dans les détails de ce grand travail. Rappelons-en seulement quelques résultats particulièrement frappants.

Pour l'orge on a reconnu que les meilleurs effets se produisent là où des engrais azotés ont été employés. Les sels ammoniacaux donnent un revenu moindre que l'azotate de soude, mais le gâteau d'œillette les dépasse tous. Il résulte de là que l'azote a plus d'effet sur les céréales quand il se présente sous la forme d'acide azotique que sous celle d'ammoniaque. Les amendements purement minéraux ne produisent qu'un faible résultat; parmi eux le superphosphate occupe le premier rang. L'addition d'engrais minéral à des engrais azotés n'ajoute pas grand'chose à l'effet de ceux-ci, à moins qu'il ne s'agisse de superphosphate de chaux. L'engrais de ferme ou bien un mélange de nitrate de soude et de superphosphate, et un mélange de sels ammoniacaux et de gâteaux d'œillette avec le superphosphate donnent lieu sensiblement au même effet, la différence étant cependant très-légèrement en faveur de l'engrais de ferme. Les sels ammoniacaux ou le nitrate de soude avec des matières minérales ont produit pendant vingt-quatre ans des grains d'orge et de froment plus lourds qu'on ne les observe d'ordinaire. Ces engrais ne renferment ni silice ni matière organique, et par conséquent on peut sûrement affirmer qu'il n'est pas nécessaire de fournir ces substances à l'orge ou au froment; cependant les silicates de potasse et de soude ont été quelquefois employés comme amendements pour les céréales.

Un des résultats les plus remarquables des expériences qui nous occupent, est qu'il est possible d'obtenir des récoltes de froment pendant plusieurs années sans fournir aucun engrais. En 1875 la trente-deuxième récolte de froment qui avait poussé sans interruption sur le même champ non amendé produisit 8 boisseaux et cinq huitièmes de grain. Il est vrai que la récolte devenait chaque année moins pesante, mais cette diminution était peu sensible en cinq ou dix ans.

Les expériences sur les fèves ont fait voir que les engrais minéraux et spécialement les sels de potasse produisent d'excellents effets pendant les premières années. D'un autre côté, les sels ammoniacaux ne déterminent que peu d'accroissement de récolte, quoique les fèves soient plus riches en azote que les céréales. Le nitrate de soude est plus actif que les sels ammoniacaux sur les fèves et les autres cultures légumineuses.

En ce qui concerne la luzerne, MM. Lawes et Gilbert ont remarqué que la terre est en général améliorée si on la saupoudre de superphosphate de chaux et de potasse, mais que l'incertitude de leur action en rend l'application d'une économie douteuse.

Les plantes cultivées pour les racines reçoivent un bon effet de l'emploi de l'acide phosphorique. Sans engrais le produit de ces plantes diminue de poids en très-peu d'années; mais avec une quantité suffisante d'engrais, de grandes récoltes peuvent être obtenues année après année sur le même champ.

CHAPITRE XXVI.

LE FUMIER DE FERME ET LES DÉJECTIONS DES ANIMAUX.

Le fumier de ferme est un fertilisant très-complexe, d'une composition et d'une valeur très-variables. Il consiste essentiellement dans la litière faite tantôt de pailles et tantôt de plantes variées, telles que les fougères (fig. 79 à 83 et 84), et dans les excréments des bœufs et des chevaux; mais il contient aussi souvent les excréments des porcs, des moutons, et d'autres résidus. Si les animaux qui contribuent à le produire travaillent beaucoup, leurs excréments sont riches en azote; mais si la substance animale de ces fumiers provient d'animaux élevés pour la graisse, la quantité d'ammoniaque est beaucoup plus faible. La nature de la litière a aussi une influence, quoique bien moindre, sur la qualité de l'engrais, la paille fournissant plus de matériaux fertilisants que ne le fait la sciure.

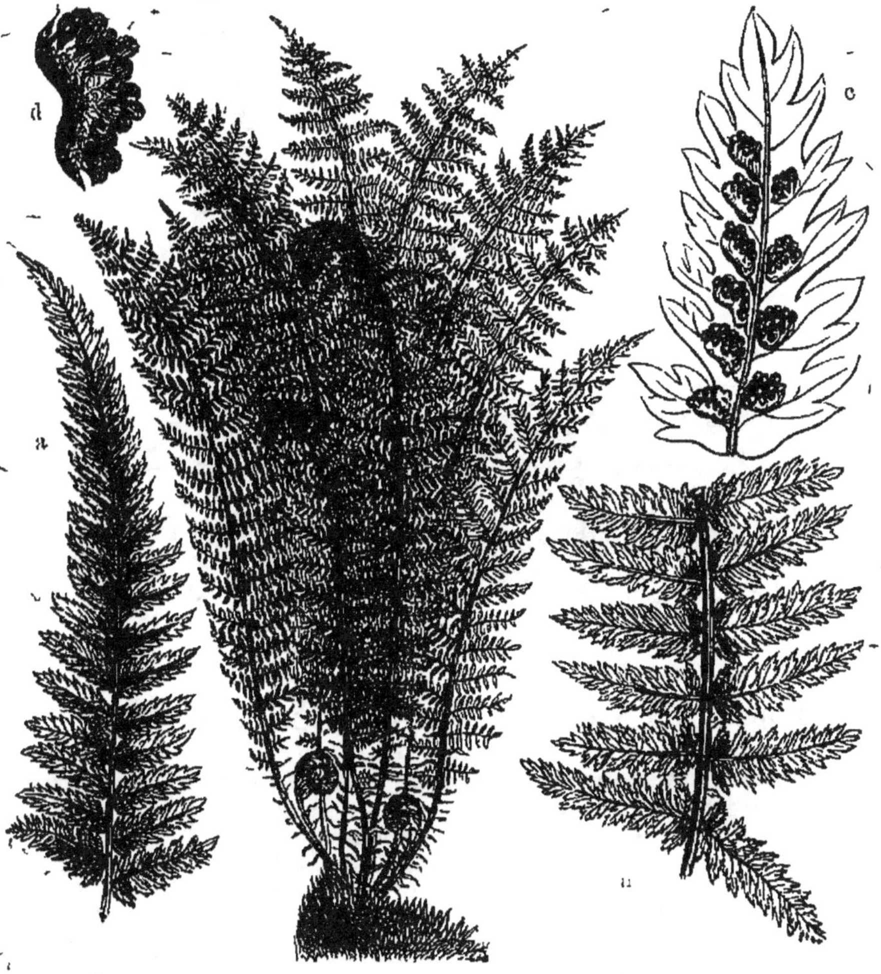

Fig. 79 à 83.

Athyrium filix femina; — *a b* fronde; — *c* fronde vue dessous avec la fructification; — *d* fructification.

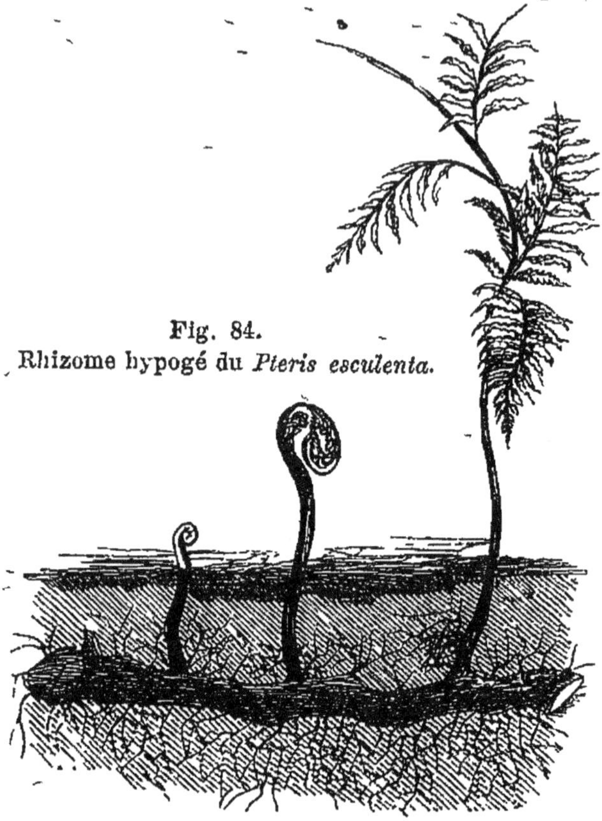

Fig. 84.
Rhizome hypogé du *Pteris esculenta.*

Composition en centièmes du Fumier de Ferme.

	1. Lawes et Gilbert.	2. Anderson.	3. Boussingault.	4. Vœlcker. Frais.	4. Vœlcker. Pourri	5. E. Wolf.	6. Cameron. Frais.	6. Cameron. Longtemps exposé à la pluie.
Eau.	70,00	72,48	79,30	66,17	75,42	75,00	69,14	73,32
Matière organ.[1]	27,23	13,94	14,03	28,24	16,53	18,09	24,21	21,17
Cendres [2].	2,71	13,58	6,67	5,59	8,05	6,91	6,65	5,61
	100,00	100,00	100,00	100,00	100,00	100,00	100,00	100,00
[1] Cont. en azote.	0,64	0,38	0,41	0,64	0,61	0,35	0,50	0,12
[2] Cont en potasse	0,53	0,32	»	0.67	0,49	0,68	»	»
et en acide phosphor.	0,23	0,31	»	0,31	0,45	0,32	»	»

Le tableau suivant est une analyse complète d'un fumier de quarante jours, provenant de chevaux, de vaches et de cochons.

Eau		66,17
Matières organiques solubles[1]		2,48
Matières inorganiques solubles (*cendres*).		
Silice soluble	0,237	
Phosphate tribasique de chaux	0,299	
Chaux	0,066	
Magnésie	0,011	
Potasse	0,573	
Soude	0,051	
Chlorure de sodium	0,030	
Acide sulfurique	0,055	
Acide carbonique et pertes	0,218	
		1,54
Matières organiques insolubles[2]		25,76
Matières inorganiques insolubles (*cendres*).		
Silice soluble	0,967	
Silice insoluble	0,561	
Oxyde de fer, alumine avec phosphates	0,596	
(Contenant en acide phosphorique. 0,178)		
(Correspondant en phosphate des os à 0,386)		
Chaux	1,120	
Magnésie	0,143	
Potasse	0,099	
Soude	0,019	
Acide sulfurique	0,061	
Acide carbonique et pertes	0,489	
		4,05
		100,00

[1] Contenant en azote, 0,409.
[2] Contenant en azote, 0,149.

Excréments des Animaux. — La qualité du fumier dépend de celle des aliments que les animaux consomment. Tout l'azote contenu dans les aliments se retrouve intégralement, soit dans les produits fournis par les animaux, soit dans leurs excréments.

D'après M. Boussingault, on peut admettre que pour 100 kilogrammes de foin consommé, un cheval rend l'équivalent de 51 kilogrammes de fumier normal sec; une vache laitière, 32 de fumier; un veau, 40 de fumier.

Dans le *Lehrbuch der physiologischen Chemie* de Gorup-Besanez, l'auteur donne les analyses suivantes :

Composition des fèces des animaux; pour chacun 100 parties contiennent :

	Cochon.	Vache.	Mouton.	Cheval.
Eau	77,13	82,45	56,47	77,25
Matières solides	22,85	17,55	43,53	22,75
	100,00	100,00	100,00	100,00
Cendres . . .	8,50	2,67	5,87	3,04

Les cendres comprennent pour 100 parties :

Potasse	3,60	2,91	8,32	11,30
Acide phosphorique . .	5,39	8,47	9,40	10,22

Dans l'ouvrage de Cameron intitulé *Chemistry of Agriculture* on trouve les analyses suivantes :

1000 parties d'excréments d'animaux contiennent :

	Vache.		Cheval.		Mouton.		Cochon.	
	Crottin.	Urine	Crottin.	Urine.	Crottin	Urine.	Crottin.	Urine.
Eau	860	915	750	900	640	950	760	976
Matières solides[1].	140	85	250	100	360	50	240	24
	1000	1000	1000	1000	1000	1000	1000	1000
[1] Contenant								
Azote.	3,6	9	6	11	6	8	7	3
Acide phosphor.	0,3	—	4	—	5	—	5	1,2
Potasse et soude.	2,2	16	3,5	14	3	8	6,5	2

Excréments d'Oiseaux. — Les excréments d'oiseaux tiennent beaucoup plus de la nature de l'urine que de celle des fèces. C'est un bon engrais, mais on l'obtient rarement dans nos contrées en grandes quantités. Toutefois voici ce que le professeur Anderson a trouvé dans des excréments frais de pigeon, dégagés de tout mélange terreux.

Eau	58,32
Matières organiques [1]	28,25
Phosphates.	2,69
Sulfate de chaux	1,75
Sels alcalins [2]	1,99
Sable	7,00
	100,00

Contenant en ammoniaque . . . 1,75

Contenant autant d'acide phosphorique qu'une quantité de phosphate de chaux égale à . . 0,10

Composition d'excréments d'oiseaux (**Anderson**) *sur 100 parties* :

	Poule.	Canard.	Oie.
Eau	60,88	46,65	77,08
Matières organiques[1], etc.	19,22	36,12	13,44
Phosphates.	4,47	3,15	0,89
Carbonate de chaux . .	7,85	3,01	0,00
Sels alcalins[2]	1,09	0,32	2,94
Sable.	6,69	10,75	5,65
	100,00	100,00	100,00

M. Boussingault a décrit des excréments de pigeon d'une très-grande valeur; mais cet article, importé d'Égypte, est plutôt de la nature du guano que de celle du fumier ordinaire.

En Flandre et en Espagne, la valeur des excréments de pigeon est très-appréciée.

Paille. — On donne la préférence aux pailles des céréales non-seulement parce qu'elles sont abondantes dans les exploitations rurales, mais aussi parce que leur structure tubulaire leur permet de s'imbiber plus facilement des liquides des étables.

[1] Contenant en ammoniaque . . .	0,74	0,85	0,67
[2] Correspondant pour son acide phosphorique à une quantité de phosphate tribasique de chaux égale à	0,07	trace	0,12

CHAPITRE XXVII.

EMMAGASINEMENT ET APPLICATION DU FUMIER DE FERME.

Modifications qui se produisent spontanément dans les Accumulations de Fumier de Ferme. — L'urine des animaux, qui dans une exploitation sérieuse doit arriver intégralement au tas de fumier et à la fosse à purin (fig. 85 et 86), renferme de l'urée qui se métamorphose rapidement en carbonate d'ammoniaque, lequel exerce une action remarquable sur les principes solubles des litières. Si l'on examine, en effet, une section verticale pratiquée dans un tas de fumier où s'accumulent chaque jour les litières, on voit qu'à la partie supérieure les pailles ont conservé leur aspect primitif et qu'à la partie inférieure les pailles désagrégées sont à peine reconnaissables. Le fumier s'est transformé en un produit brun, connu sous le nom de *beurre noir*.

Les réactions qui se passent dans un tas de fumier sont des plus complexes, et l'on n'avait sur les métamorphoses qui prennent naissance dans les fumiers que des idées assez confuses avant les travaux publiés sur ce sujet par M. Paul Thénard.

Fig. 85. — Tas de Fumier mal conservé.

Si, d'après lui, on lessive un fumier âgé de plus d quinze jours et placé d'ailleurs dans de bonnes conditions de fermentation, et qu'on traite les eaux d lavage par l'acide chlorhydrique, il se précipite une matière brune qui a toutes les propriétés de l'acide humique maïs qui n'en a pas la composition, car

Fig. 86. — Tas de Fumier mieux conservé.

elle contient environ 4 p. 100 d'azote; et l'acide humique n'est pas azoté.

Peu à peu cependant l'ammoniaque provenant de l'hydratation de l'urée se fixe sur la matière végétale de la litière, et si l'on examine de temps à autre les eaux de lavage du premier, on les trouve de moins en moins colorées; après deux mois elles sont encore brunes, mais quand elles ont passé sur un fumier de quatre mois, elles restent incolores.

Cette première observation indique comment M. Thénard a pu distinguer trois groupes de corps azotés qui se forment successivement et dans l'ordre suivant :

1° Le groupe des corps bruns solubles dans tous les réactifs, qui prend naissance au moment où les matières ammoniacales commencent à réagir sur la litière.

2° Le groupe des corps bruns insolubles dans les acides et dans tous les réactifs, sauf la potasse, la soude, l'ammoniaque, leurs carbonates et leurs phosphates.

3° Le groupe de corps bruns insolubles dans tous les réactifs, qu'ils soient acides, neutres ou alcalins.

De plus, les acides fumiques sont le résultat de la combinaison de la matière ammoniacale avec certains éléments végétaux qui existent dans les litières, et non dans les déjections solides ou liquides des animaux.

Le glucose azoté est pour M. P. Thénard le produit caractéristique du premier groupe de corps fumiques. Pour faire comprendre la formation des corps du second groupe, le savant agronome mit en contact pendant quinze à vingt jours de l'humate d'ammoniaque et du gluco seazoté. Celui-ci s'unit directement, et donna un produit contenant 4,10 p. 100 d'azote et représentant, à peu de chose près, la combinaison de l'équivalent de glucose azoté. La matière ainsi obtenue est soluble dans les alcalis; aussi a-t-elle reçu le nom d'*acide humique*. Elle prend naissance dans le fumier. On conçoit facilement, en effet, que les matières végétales donnent de l'acide humique qui, réagissant sur le carbonate d'ammoniaque, fournit de l'humate d'ammoniaque qui se combine enfin avec le glucose azoté pour fournir le produit caractérisant le second groupe des corps fumiques.

Quant au troisième groupe, bien que, par suite de l'inertie des matières qui le composent, il soit impossible de séparer les corps fumiques qu'il recèle des matières humiques et ligneuses qui les accompagnent, on reproduit si aisément par la synthèse des corps analogues, on les reproduit dans des conditions si semblables à celles qui lui donnent naissance dans le tas de fumier, que son étude n'a rien de difficile.

« En résumé, dit M. P. P. Dehérain, on voit que dans le fumier, le carbonate d'ammoniaque provenant de l'hydratation de l'urée s'unit à la matière végétale pour donner un composé analogue au glu-

Fig 87. — Bergerie de l'Aube. Production de l'Engrais sous Abri.

Fig. 88. — Production de l'Engrais a l'Air libre.

cose azoté; celui-ci, réagissant sur l'humate d'ammoniaque formé par l'union de l'acide humique, produit de l'oxydation des matières végétales, avec l'ammoniaque du carbonate, forme l'acide fumique, encore très-azoté, mais moins riche cependant que le glucose azoté; enfin l'acide fumique réagit à son tour sur une nouvelle quantité de matière extractive provenant sans doute de l'altération des matières cellulosiques qui ont noirci peu à peu sous l'influence combinée de l'eau et de l'air, et ont fourni une nouvelle proportion de glucose. C'est ainsi que prend naissance le produit noir insoluble connu sous le nom de *beurre noir*. »

Pertes de Substances fertilisantes subies par les Engrais. — Les expériences de Vœlcker montrent que le fumier de ferme ne perd pas grand'chose par son exposition à l'air, à la chaleur et à la lumière. Les pertes que subissent les tas de fumier sont dues surtout aux infiltrations dans le sol, et à l'écoulement dans les rigoles superficielles de ce liquide foncé connu de tout le monde, et qui est si riche en azote, en acide phosphorique et en potasse.

Kœrte trouva que 100 parties de fumier conservé de la manière ordinaire s'étaient réduites au bout de

81	jours	à 73,3	représentant	une perte de	26,7
285	—	64,4	—	—	35,6
384	—	62,5	—	—	37,5
499	—	47,2	—	—	52,8.

Ainsi dans l'espace de seize mois, plus d'une moitié et la portion la plus précieuse de l'engrais avait disparu, laissànt un résidu fortement charbonneux et pauvre en éléments de fertilité.

Vœlcker analysa un échantillon d'engrais de porc qu'un fermier avait conservé pendant trois ans dans la pensée de le convertir en excellent engrais pour navets. Il était devenu gras, noir et avait une odeur plutôt terreuse qu'animale.

100 parties contenaient :

Eau	73,66
Matières organiques solubles[1]	2,70
Matières organiques insolubles[2]	9,95
Matières solubles inorganiques[3]	2,68
Matières insolubles inorganiques[4]	11,01
	100,00

Il semble certain qu'au moins la moitié de la quantité de matières fertilisantes contenues originel-

[1] Contenant en azote	0,157
[2] Contenant en azote	0,470
	0,627
[3] Contenant en phosphate de chaux	0,577
Et potasse	0,376
[4] Contenant en acide phosphorique (équivalent à 1,176 de phosphate de chaux)	0,543
Et potasse	0,317
Total d'azote (équivalent à 0,770 d'ammoniaque)	0,627
Phosphate de chaux total	1,753
Potasse totale	0,693

lement dans ce fumier, avait été perdue par cette conservation trop longue.

Application du Fumier de Ferme. — Malgré la déperdition qui suit une longue fermentation, les cultivateurs de certaines contrées emploient de préférence les fumiers consommés; d'autres, au contraire, font usage de fumiers frais.

L'emploi de ces différents fumiers tient à la nature des terres. Les fumiers frais sont très-utilement employés dans les terres argileuses. En effet, il résulte des expériences de M. Thénard que les réactions qui se produisent dans la fosse à fumier entre le carbonate d'ammoniaque et les matières végétales prennent également naissance dans le sol, et qu'il s'y forme par l'arrivée des matières animales de l'acide fumique déjà moins soluble que les produits primitivement contenus dans le fumier frais. La déperdition ici n'est donc guère à craindre. Et comme les terres argileuses sont tenaces, compactes, peu perméables, l'évaporation des fumiers longs et pailleux leur donnera quelques-unes des qualités qui leur manquent, elles deviendront plus légères, plus perméables aux gaz atmosphériques.

Dans les terres légères, au contraire, beaucoup moins chargées de détritus organiques, les causes de fixation des matières organiques solubles n'existent plus, et il convient d'employer des engrais peu solubles, se décomposant lentement à des degrés différents.

Engrais faits sous Abri. — Le fumier produit par les bestiaux dans leur étable (fig. 87) et conservé ensuite sous abri est très-supérieur au fumier de ferme ordinaire. M. Kinnaird expérimenta comparativement avec : 1° l'engrais d'un certain nombre d'animaux sous abri, et 2° celui d'un nombre égal d'animaux de la même espèce, du même âge et nourris de la même manière, conservés dans un champ découvert (fig. 88). Avec l'engrais couvert il obtint un produit en pommes de terre moitié plus considérable et une récolte en froment plus grande d'un cinquième.

CHAPITRE XXVIII.

GUANO.

Le mot *guano* est une corruption du mot péruvien *huano* qui signifie fumier. Les autochtones du Pérou en connaissaient parfaitement les propriétés fertilisantes, et leurs lois édictaient des peines sévères contre ceux qui nuisaient aux oiseaux producteurs de guano. On l'exploite sur un très-grand nombre de points des côtes du Pérou, et parmi ces points les plus connus sont certainement les îles de Chincha dont il importe de dire ici quelques mots.

Les îles de Chincha, situées par 14°,50 de latitude australe et 78°,47 de longitude occidentale, sont au nombre de trois et s'alignent dans la direction nord-sud. Leurs côtes vers le sud et l'ouest sont coupées à pic, des récifs les entourent, récifs d'autant plus dangereux qu'une brise très-forte, le *paraca*, y règne depuis 10 heures du matin jusqu'au coucher du soleil. Elles ne produisent rien, mais à leur surface s'est amassé, pendant une longue suite de siècles, un engrais puissant, le *guano*, qui

Fig. 89. — Exploitation du Guano aux îles de Chincha.

les recouvre entièrement sur une épaisseur considérable. C'est cet entassement de matières excrémentitielles qui les a rendues si fameuses. Ce ne sont que des mines d'engrais, mais ces mines d'engrais, pour le produit, valent des mines d'or.

Outre que le guano est l'engrais le plus puissant qui existe, nulle part il n'est de meilleure qualité qu'aux îles de Chincha (fig. 89). On distingue au Pérou deux guanos, le guano de *pajaro* (guano d'oiseaux) et le guano de *lobos* (guano des mammifères marins); le premier est beaucoup plus riche que le second en matières fertilisantes; or c'est lui qui recouvre les îles de Chincha, sauf à la base, où il est mêlé de guano de *lobos*.

Une distinction non moins importante que la précédente est celle que les chimistes ont établie entre le guano ammoniacal et le guano terreux; ce dernier, très-riche à la vérité en acide phosphorique, ne contient presque pas de matières azotées, tandis que le premier renferme, outre des phosphates terreux, des urates et des sels à base d'ammoniaque. Or, sauf à sa partie inférieure, le dépôt formé aux îles de Chincha est entièrement formé de guano ammoniacal.

Ces deux sortes de guano ont très-probablement la même origine, et leur différence doit tenir aux conditions climatériques. Le guano dépourvu d'ammoniaque et des sels solubles gît en effet dans les régions exposées aux pluies tropicales, tandis que la pluie est pour ainsi dire inconnue dans la partie du littoral de la mer du Sud où l'on rencontre le guano ammoniacal. M. Boussingault cite une localité, Payta, au sud de la province de Choco (Pérou), où il n'avait pas plu depuis dix-sept ans à l'époque où ce savant s'y trouvait.

Plus au sud encore, à Chocopé, on citait comme un événemeut mémorable la pluie de 1726; il est vrai qu'elle dura quarante nuits, et cessait pendant le jour. Cette fixité des conditions atmosphériques a inspiré à M. Boussingault une page qu'on nous permettra de citer :

« Sous un climat aussi constant, sur un sol que l'action érosive des météores aqueux ne modifie pas, sur des plages où les marées sont à peine perceptibles, où l'on ne voit nulle part des dunes envahissantes, l'aspect de la nature est immuable. En 1832, sur ces rivages baignés par l'océan Pacifique, j'assistais à ces mêmes scènes qu'avaient décrites Ulloa, Fraiziers et bien avant eux Zarate. Des *Alcatras*, des *Phenicopterus*, des *Ardea* se livraient à la pêche comme sous le règne des Incas. A Puira, on trouvait encore de l'eau en creusant dans le lit du torrent desséché. A Chocopé, il n'avait pas plu depuis 88 ans. Le Rio Tumbeo entrait dans la mer avec le même calme, et peut-être qu'en cherchant bien on aurait reconnu sur ses bords les traces de ces soldats intrépides qui le franchirent en 1532 pour exécuter, avec un éclatant succès, l'entreprise la plus audacieuse qu'on eût jamais tentée. Les bandes de Pizarre et d'Almagro avaient passé par là pour s'emparer du Pérou, et pas un de ces hardis compagnons ne daigna jeter un regard sur ces inépuisables gisements de salpêtre, sur ces *huanaras* dont l'importance dépasse aujourd'hui celle des mines les plus productives du Nouveau-Monde. »

Le guano (*huano*) recouvre toute la superficie des îles de Chincha et y forme une protubérance qui s'affaisse en talus jusqu'au bord des escarpements. Il est en strates horizontales assez souvent ondulées, rougeâtres vers le haut, d'un gris plus ou moins clair vers le bas. L'exploitation se fait à ciel ouvert. Souvent on rencontre dans les tailles des fissures remplies de sels ammoniacaux; on y trouve aussi des œufs pétrifiés, des plumes, des ossements et même des oiseaux momifiés. Le guano est réuni en tas de 400 à 500 tonnes près d'un escarpement d'où part un boyau de toiles à voile (une manche) qui aboutit par son extrémité inférieure dans la cale du navire en chargement. C'est le seul moyen de charger, sans perte notable, une matière légère et pulvérulente comme le guano sec.

Cela se fait sous le vent de l'île la plus septentrionale. La réverbération du sol, la poussière en suspension dans l'air, élèvent la température au point que les ouvriers ne peuvent travailler que la nuit. Ceux-ci sont au nombre de mille environ. Dans l'île du nord, les travaux sont exécutés par les forçats; dans les deux autres, un grand nombre de travailleurs sont de race chinoise. On les engage en Chine sous prétexte d'agriculture; arrivés aux îles de Chincha, les malheureux sont soumis à un travail excessif, ne reçoivent qu'une nourriture insuffisante et couchent sur le guano.

Leur nourriture se compose de 500 grammes de riz cuit à l'eau et d'un peu de poisson fumé ou salé; de l'eau, mauvaise le plus souvent, est leur unique boisson.

D'après M. Cuzent, cité par M. Boussingault, ils finissent par se laisser mourir de faim quand ils ne se jettent pas à la mer.

Les gisements de guano sont si considérables, que M. de Humboldt doutait qu'ils pussent provenir des oiseaux de l'époque actuelle; il penchait à les considérer comme réellement fossiles. Au contraire, un savant péruvien, M. Francisco de Rivero, a calculé qu'il suffit d'admettre que pendant 6000 ans 264,000 *guanaes* (oiseaux producteurs de guano) ont déposé chacun pendant quatre nuits une once d'excréments sur les îles de Chincha pour expliquer la formation du dépôt qui recouvre ces îles.

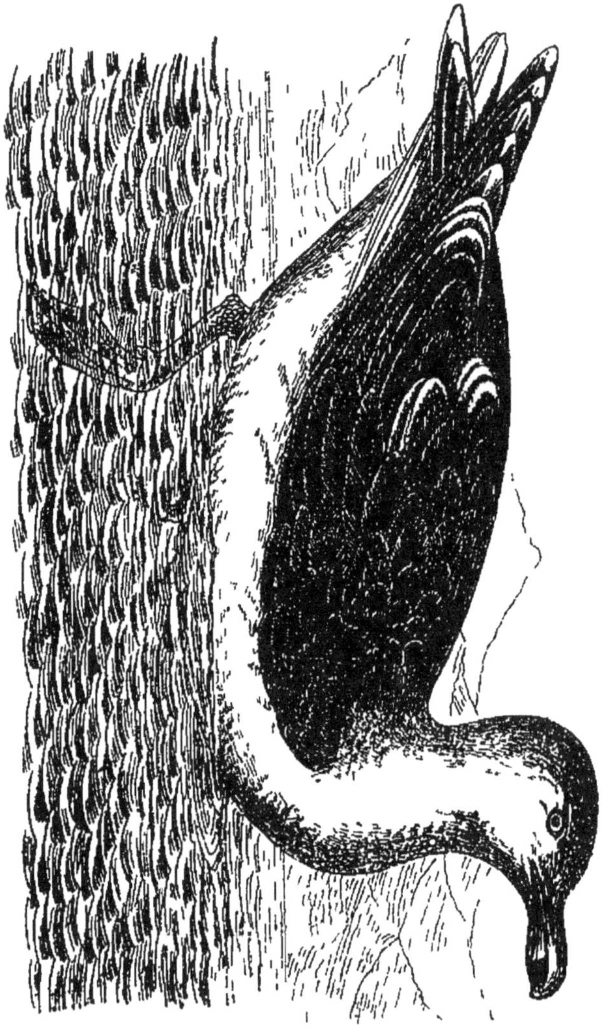

Fig. 90. — Goéland, Producteur du Guano.

Les oiseaux aquatiques les plus abondants parmi ces *guanaes* sont les pingouins, les manchots, les goélands (fig. 90), les hirondelles de mer, les cordonniers (*Larus catarrhactes*), les grands-gousiers (pélicans) et les cormorans. M. Boussingault ne trouve pas exagéré ce nombre de 264,000 oiseaux admis par M. de Rivero.

« 264,000 *guanaes* habitant à la fois les îles de Chincha est un nombre, dit-il, que l'on ne répugne nullement à accepter quand on a vu se mouvoir ces nuées de volatiles dont, pour employer l'expression d'Ulloa, « on n'aperçoit ni le commencement ni la fin », qui font naître l'obscurité, et, en rasant la surface de la mer, empêchent un navire de manœuvrer. »

Mais tout a une fin, et si abondante que soit la provision accumulée dans les îles de Chincha, elle n'est pas inépuisable.

L'époque même où les navires cesseront de visiter ces récifs qu'ils évitaient avant qu'on connût la valeur du guano n'est pas très-éloignée, s'il est vrai que d'une part l'exportation annuelle atteigne, dépasse même 350,000 tonneaux, et que déjà en 1857 les trois îles de Chincha ne contenaient plus que 8,600,000 tonnes d'engrais.

Ce dernier chiffre résulte de documents communiqués à la Chambre des communes.

100 parties de guano renferment :

Humidité.	13,13
Matière organique (correspondant à 11,80 d'ammoniaque)	48,16
Phosphate de chaux	26,58
Sels alcalins (contenant une quantité d'acide phosphorique correspondant à 2,66 de phosphate tribasique de chaux)	11,00
Matière insoluble	1,13
	100,00

Guano dissous. — Sous ce nom on vend aux agriculteurs le produit du traitement du guano par l'acide sulfurique ; il se fait dans cette opération une véritable superphosphatisation, et la matière organique subit en outre une altération qui la rend plus facilement soluble dans le sol. Voici la composition d'un bon échantillon de cet engrais :

Humidité	17,06
Matières organiques solubles (renfermant autant d'azote que 12,06 d'ammoniaque)	51,50
Phosphate de chaux soluble (correspondant à 22,65 de phosphate des os rendu soluble)	14,52
Phosphate tribasique de chaux . . .	3,40
Sels alcalins	4,60
Sulfate de chaux	7,72
Matières insolubles	1,20
	100,00

Cette sorte d'engrais se présente sous la forme d'une poudre fine homogène.

Guanos africains. — Dans le tableau suivant sont résumés les résultats obtenus dans l'analyse de quatre guanos appelés *africains* par les praticiens, quoique le plus souvent ils viennent de régions tout à fait différentes.

	Mejillonès.	Schaboe.	Iles des Pingouins.	Patagonie.
Eau . . .	8,98	18,60	26,83	23,00
Matières organiques .	8,36	47,84	30,10	26,50
Phosphate de chaux . .	71,16	10,86	23,99	40,64
Carbonate de chaux . .	4,30	3,44	5,40	2,00
Sels alcalins	3,34	10,90	5,45	5,66
Matières insolubles .	3,86	8,36	8,33	2,30
	100,00	100,00	100,00	100,00

CHAPITRE XXIX.

OS ET AUTRES ENGRAIS PHOSPHATÉS.

Os. — Les os constituent un engrais très-précieux, et si ses principes n'étaient pas si difficiles à désagréger, il n'aurait peut-être pas d'égal. Aussi le premier soin du cultivateur est-il de les préparer de manière à les rendre plus facilement attaquables par les agents décomposants. C'est pourquoi on les broie, soit à l'aide du moulin à rape, soit à l'aide du moulin à cylindre.

Répandus sur le sol, voici comment les os se comportent : la graisse qu'ils contiennent, liquéfiée par la chaleur du soleil, est en partie absorbée par la terre. Ainsi dégraissés mécaniquement, ils deviennent plus facilement attaquables par l'action combinée de l'air et de l'eau, et c'est alors que les réactions chimiques commencent. Le tissu cellulaire azoté se décompose et fournit beaucoup de carbonate d'ammoniaque qui saponifie la graisse, la faisant alors agir comme engrais; le restant des sels ammoniacaux est retenu par les os pulvérisés, qui agissent comme corps poreux en absorbant sept volumes et demi de gaz ammoniac.

M. Bibra assure que les os varient selon l'espèce et le séxe des animaux.

Ce fait est contesté par M. le professeur Frémy. Quoi qu'il en soit, voici des chiffres résultant de nombreuses expériences :

	Homme.	Bœuf.	Cochon d'Inde.
Matières organiques .	34,56	32,02	34,70
Matières inorganiques	65,44	67,98	65,30
	100,00	100.00	100,00

Sur 100 parties :

Acide carbonique . .	5,734	6,197	»
Acide phosphorique .	39,019	40,034	40,381
Chlore	0,183	0,200	0,133
Fluor	0,229	0,300	»
Chaux	53,965	53,887	54,025
Magnésie	0,521	0,468	0,485

Superphosphate de Chaux. — On fait usage d'une méthode ingénieuse pour rendre les phosphates des os plus assimilables par les plantes et beaucoup plus riches en matières nutritives. C'est ce qu'on appelle là *superphosphatisation*. On mêle 20 kilogrammes d'os pulvérisés avec 10 kilogrammes d'acide sulfurique délayé dans 30 kilogrammes d'eau, et on agite le mélange. Après 24 heures, tout se réduit en une bouillie épaisse. On ajoute 1000 litres d'eau, et on répand cette bouillie sur les champs. Les expériences prouvent que ce mélange profite au blé mieux encore que le fumier et le guano.

Les phénomènes chimiques qui accompagnent la transformation du phosphate insoluble en phosphate soluble sont résumés dans le tableau suivant :

Phosphate de chaux soluble à 4 équivalents d'eau.

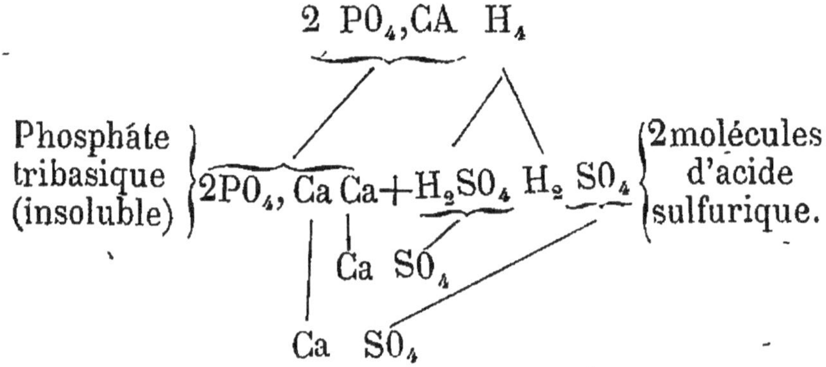

Sulfate de chaux (2 molécules)

ou

$$Ca_3 2\ PO_4 + 2H_2\ SO_4 = CaH_4\ 2PO_4 + 2CaSO_4$$

L'analyse suivante donne la composition d'un superphosphate de qualité supérieure :

Eau.	15,00
Matières organiques et volatiles. .	12,00
Phosphate monocalcique[1] . . .	18,00
Phosphate insoluble.	6,00
Sulfate de chaux.	41,95
Sels alcalins	0,55
Matières insolubles	6,50
	100,00

Phosphates fossiles. — L'acide phosphorique en combinaison avec le calcium, le magnésium, l'aluminium et le fer, est répandu dans toute l'étendue du globe; mais comme il se trouve en grande quantité dans certaines localités, il y constitue un article de commerce important.

Les phosphates suivants sont employés comme engrais très-puissants :

Les *coprolithes* (fig. 91 à 98) sont des masses nodulaires grises et dures qu'on trouve à divers niveaux de la série géologique et que l'on a considérées comme des débris devenus informes d'os d'animaux éteints. Ils renferment environ 52 à 60 p. 100 de phosphates terreux, 12 à 18 p. 100 de carbonate de chaux, 4 ou 5 p. 100 d'alumine et d'oxyde de fer, 2 à 3,5 p. 100 de fluorure de cal-

[1] Correspondant à 28,28 de phosphate de chaux que l'action de l'acide a rendu soluble.

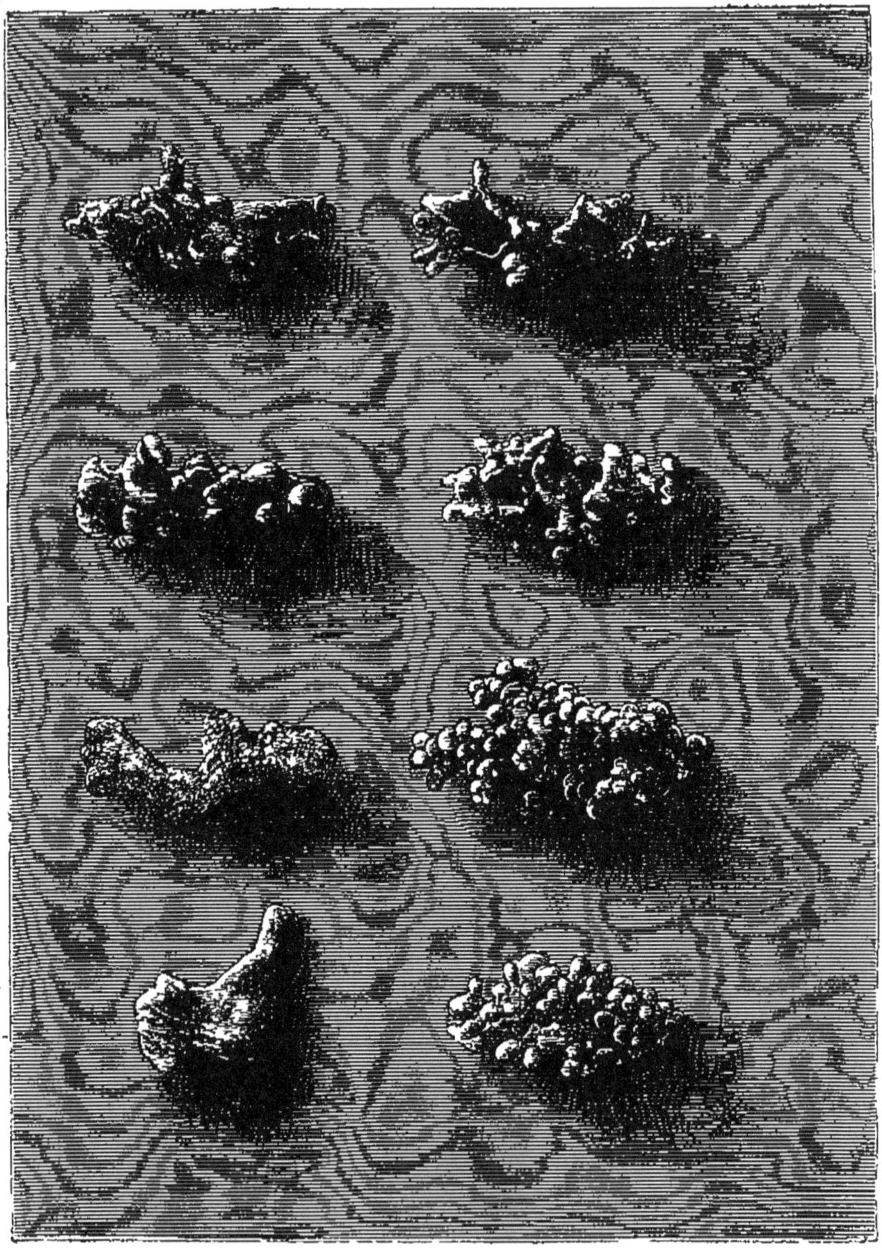

Fig. 91 à 98. — Coprolithes.

cium et 6 à 9 p. 100 de sable. Leur extraction est devenue très-active dans certaines régions, comme les Ardennes, et leur emploi agricole est très-avantageux.

L'*apatite* est du phosphate de chaux d'origine filonienne que l'on exploite très-activement en Estramadure, en Portugal, en Norvège et surtout au Canada. Dans cette dernière région on rencontre des cristaux hexagonaux d'apatite ayant 1 mètre de long et 40 centimètres de diamètre, comme ceux que l'on pouvait voir à la dernière Exposition universelle au Champ-de-Mars.

La *cendre d'os* est importée en Europe en grandes quantités de l'Amérique du Sud, où on la fabrique par la calcination des os de bœufs. Elle renferme de 67 à 73 p. 100 de phosphates de chaux et de magnésie, et de 7 à 10 p. 100 de carbonate de chaux. Cette substance donne un excellent superphosphate.

CHAPITRE XXX.

DÉJECTIONS HUMAINES ET EAUX D'ÉGOUT

Les excréments de l'homme constituent le plus riche de tous les engrais. D'après Berzélius ils ont la composition suivante :

Eau		73,3
Matières solubles dans l'eau.		
Bile	0,9	
Albumine.	0,9	
Matière extractive particulière . .	2,7	
Sèls	1,2	
		5,7
Résidus insolubles des aliments digérés (débris organiques)		
Matières insolubles qui s'ajoutent dans le canal intestinal, telles que mucus, réserve biliaire, graisse, matière animale particulière		14,0
		100,0

Les urines varient beaucoup dans leur composition. On peut dire d'une manière générale qu'elles contiennent environ 2 à 3 p. 100 de matières minérales, 4 à 6 p. 100 de matières organiques, 90 à 93 p. 100 d'eau. Les matières organiques se composent de mucus, de substances animales indéterminées, des acides urique, lactique, hippurique, et surtout d'urée. Les matières minérales consistent en sulfate, phosphate, carbonate et lactate de potasse et de soude, chlorure de sodium, lactate et chlorhydrate d'ammoniaque, carbonates et phosphates de chaux et de magnésie, silice et traces de fer.

On emploie les excréments humains de différentes manières. Aux environs de Grenoble on donne le résidu aux chaumes, tel qu'il sort des fosses. A Lyon et dans quelques localités de la Toscane on le délaye dans l'eau et on en arrose les champs, surtout la luzerne. En Chine on le pétrit avec de l'argile et on en forme des briques que l'on pulvérise lorsqu'elles sont sèches. En Belgique on le recueille dans les villes, on le transporte aux fermes, et on le jette dans des citernes où il fermente plusieurs mois. Il en résulte une matière plutôt visqueuse que liquide. C'est l'*engrais flamand*, la *gadoue*, la *couche graisse*.

Poudrette. — Aux environs de Paris on dessèche

les excréments, et on en forme la *poudrette* par un procédé qui exige de quatre à six ans. La poudrette de Montfaucon et de Paris est ainsi composée :

Eau	23,5
Sels ammoniacaux, représentant 1,35 d'ammoniaque	3,9
Matières organiques azotées, représentant 0,93 d'ammoniaque	18,1
Matières orgeniquès non azotées	29,5
Matières minérales fixes	25,0
	100,5

Aujourd'hui on commence par désinfecter les matières fécales dans les latrines, en y jetant de la couperose ou vitriol vert (sulfate de protoxyde de fer); l'hyposulfate d'ammoniaque est alors décomposé en sulfure de fer et en sulfate d'ammoniaque. On les transporte ensuite à l'usine, et on les mêle à un volume égal de terre carbonisée. A mesure que le mélange se dessèche, on y ajoute d'autres matières fécales, jusqu'à ce que la terre reste dans la proportion d'un quart de tout le volume. Au bout d'un ou de deux mois l'engrais est formé et constitue une variété de *noir animalisé*. M. Mosselmann le prépare sous forme de magma en le mélangeant avec de la chaux éteinte dans les eaux vannes.

Eaux d'égout. — Une très-grande portion des déjections des habitants des villes passent dans les égouts, qui les déchargent dans les rivières ou dans la mer. L'urine d'un nombre immense de chevaux, de vaches ou d'autres animaux dans les villes s'écoule d'une manière semblable. La perte ainsi produite de matières fertilisantes est énorme et elle va constamment en augmentant.

Il n'y a pas seulement là une perte de matière précieuse; le charriage de celle-ci détermine encore la pollution des rivières et l'infection de l'atmosphère. « Les eaux d'égout de Paris, dit M. P. P. Dehérain, ne reçoivent pas, comme celles de Londres, la totalité des matières de vidanges; le système des fosses fixes étanches, vidées de temps à autre à l'aide de tombereaux, est encore en usage dans un très-grand nombre de maisons; mais les eaux ménagères, les eaux d'arrosage de la voie publique, les eaux d'usines, la partie liquide des vidanges dans les maisons qui ont adopté le système des tinettes, et enfin les urines répandues sur la voie publique, arrivent aux égouts. Ceux-ci amènent leurs eaux à deux grands collecteurs qui suivent les bords de la Seine; le collecteur de la rive gauche passe sous le fleuve au pont de l'Alma, puis vient se réunir au collecteur de la rive droite, qui débouche dans la Seine à Clichy, en face de la petite ville d'Asnières. Abstraction faite d'une bande au nord qui répond au marché aux bestiaux de la Villette et s'assainit par la plaine Saint-Denis, l'émissaire travaille pour une superficie de 7800 hectares, couverts de 66,000 maisons habitées par 1,800,000 âmes. Des dispositions nouvelles ont même été prises pour amener à l'égout d'Asnières les eaux de la partie nord de Paris, de telle sorte qu'il recevra l'ensemble des résidus liquides de toute la capitale. Avant cette réunion de l'égout de Saint-Denis, on évaluait à 190,905 mètres cubes l'eau qui s'échappait par vingt-quatre heures du collecteur. On a trouvé qu'en moyenne l'eau d'égout renferme par mètre cube 3 kilogrammes de substances étrangères, dont 2 kilogrammes en suspension et 1 kilogramme en dissolution; les matières solides forment en aval de l'embouchure de l'égout des bancs de vase putride, pendant que les matières noires dissoutes empestent le fleuve durant plusieurs lieues. Les dépenses occasionnées par le draguage des vases est considérable, puisqu'il y a environ 140,000 tonnes de matières solides à enlever annuellement; en outre, bien qu'après un certain parcours les eaux de la Seine mêlées aux eaux d'égout reprennent leur couleur naturelle, elles restent souillées. On comprend combien est dangereux le système actuel qui, délivrant Paris, infecte la Seine en aval peut-être plus loin que Rouen.»

Composition et Valeur des Eaux d'égout. — La valeur agricole des eaux d'égout qui se perdent aujourd'hui encore est considérable ; on en jugera par les chiffres suivants, dans lesquels on a évalué l'azote à 2 fr. le kilogramme, l'acide phosphorique à 40 c., et la potasse à 60 c. On trouve dans 1 mètre cube d'eau d'égout naturelle :

	Kil.		Fr.
Azote	0,037	valant	0,074
Acide phosphorique . . .	0,015	—	0,006
Potasse	0,030	—	0,018
Matières organiques . . .	0,729		
Matières minérales . . .	1,984		

Ainsi une tonne d'eau d'égout naturelle vaut 10 c. ; en multipliant par les débits on trouve pour Paris une valeur annuelle de 7 millions de francs.

Application des Eaux d'égout. — Les plaintes des riverains, le regret de perdre chaque année des sommes considérables, conduisirent enfin l'administration municipale à tenter des essais pouvant conduire à une utile réforme.

Des expériences furent faites par des ingénieurs dans les champs de Gennevilliers pour utiliser comme engrais ces eaux infectieuses lorsqu'elles sont mal employées. Les habitants accueillirent d'abord fort mal ces essais qu'ils croyaient devoir empoisonner l'air, mais leurs réclamations cessèrent bientôt devant les superbes résultats obtenus par les nouveaux engrais, et les maraîchers se les disputent maintenant. Le taux des locations des terres en est montée de 80 fr. l'hectare à 150 fr., et il atteindra prochainement 200 et même 250 fr.

Les eaux, conduites d'un bassin central où les poussent les pompes placées à Clichy près du collecteur, sont distribuées par des conduites maçonnées en briques dans les différentes régions de la plaine. On les fait entrer à volonté dans les rigoles d'arrosage, et de là elles s'infiltrent dans la terre sablonneuse extrêmement meuble de la presqu'île de Gennevilliers, portant jusqu'aux racines les substances dissoutes qui suffisent à donner aux plantes une vigueur extraordinaire.

Jusqu'à présent les eaux d'égout ont été données gratuitement; mais les demandes toujours croissantes vont permettre à la ville de Paris de les vendre à un prix qui couvrira les dépenses faites pour amener dans les champs ainsi arrosés ces eaux fertilisantes, et les maraîchers les apprécient si bien, qu'aucun ne reculera devant l'achat.

Quand toutes les eaux d'égout seront employées dans la presqu'île de Gennevilliers, il ne restera plus qu'à faire usage du système anglais, consistant à envoyer dans l'égout toutes les matières fécales.

Paris y gagnera singulièrement, et les eaux d'égout, plus abondantes et plus riches, pourront aller sur l'autre bord de la Seine, trouver de vastes étendues de terrain qu'elles transformeront en jardins maraîchers.

CHAPITRE XXXI.

ENGRAIS ANIMAUX.

Chair et Sang. — Ce sont des engrais très-riches. Dans les abattoirs, après avoir fait bouillir les cadavres des chevaux dans de grandes cuves en bois chauffées à la vapeur, on débarrasse la chair des os et on la fait dessécher d'abord au soleil, puis dans une étuve à courant d'air sec. Réduite en poudre grossière, cette matière s'emploie à raison de 500 kilogrammes par hectare.

On fait coaguler le sang par l'ébullition, puis on le dessèche à l'étuve ou à l'air; on peut ainsi le conserver et, à son temps, le répandre en poudre. Mais il est devenu très-pauvre en matières salines; il est préférable de jeter le sang sur de la terre fortement chauffée au four, en broyant et mélangeant le tout avec soin; il faut alors le saupoudrer de plâtre et de poussière de charbon de bois pour fixer les gaz qui se développent.

Cuirs, Cornes, Ongles, Poils, Plumes. — Ce sont

des substances qui ont une composition identique. Leur analyse montre qu'elles sont extrêmement riches en azote; mais la proportion des matières salines est par contre excessivement faible. Ces débris sont très-difficiles à décomposer. Aussi ne convient-il de les employer qu'en morceaux très-minces ou en poudre, dans les sols légers, sablonneux, calcaires, et faut-il attendre les effets pendant une longue série d'années.

Poissons. — Sur toutes les côtes où l'on pêche et dans toutes les villes où l'on prépare des poissons, on se sert de leurs débris comme engrais, en faisant des composts avec de la terre. M. Gautier présenta en 1853 au gouvernement anglais une note où il proposait de réduire en engrais pulvérulent les résidus des pêches de Terre-Neuve. A Belle-Isle-en-Mer on prépare de l'engrais en faisant réagir la chaux sur le poisson frais.

CHAPITRE XXXII.

ENGRAIS VÉGÉTAUX.

On appelle *engrais végétaux* ceux qui ne se composent que de plantes en décomposition.

Engrais verts. — On désigne ainsi les plantes enfouies toutes fraîches. C'est une pratique très-ancienne que d'enterrer les fourrages pour fumure, et qui dure encore dans certaines contrées, surtout dans le Midi.

Les plantes qu'on enfouit comme engrais vert appartiennent pour la plupart aux légumineuses, qui tirent peu du sol, beaucoup de l'air; ainsi c'est un surplus de carbone et d'azote emprunté à l'air qu'on enfouit dans le sol. L'engrais vert modifie, mieux que les autres, la compacité du sol, qui en devient plus poreux et moins liant. Sa décomposition dure plus longtemps. Par sa grande quantité d'eau de végétation, il assure une plus longue durée à la fraîcheur du sol; c'est pourquoi la pratique en est plus commune dans les sols arides du Midi.

Les plantes qu'on préfère pour fourrages à en-

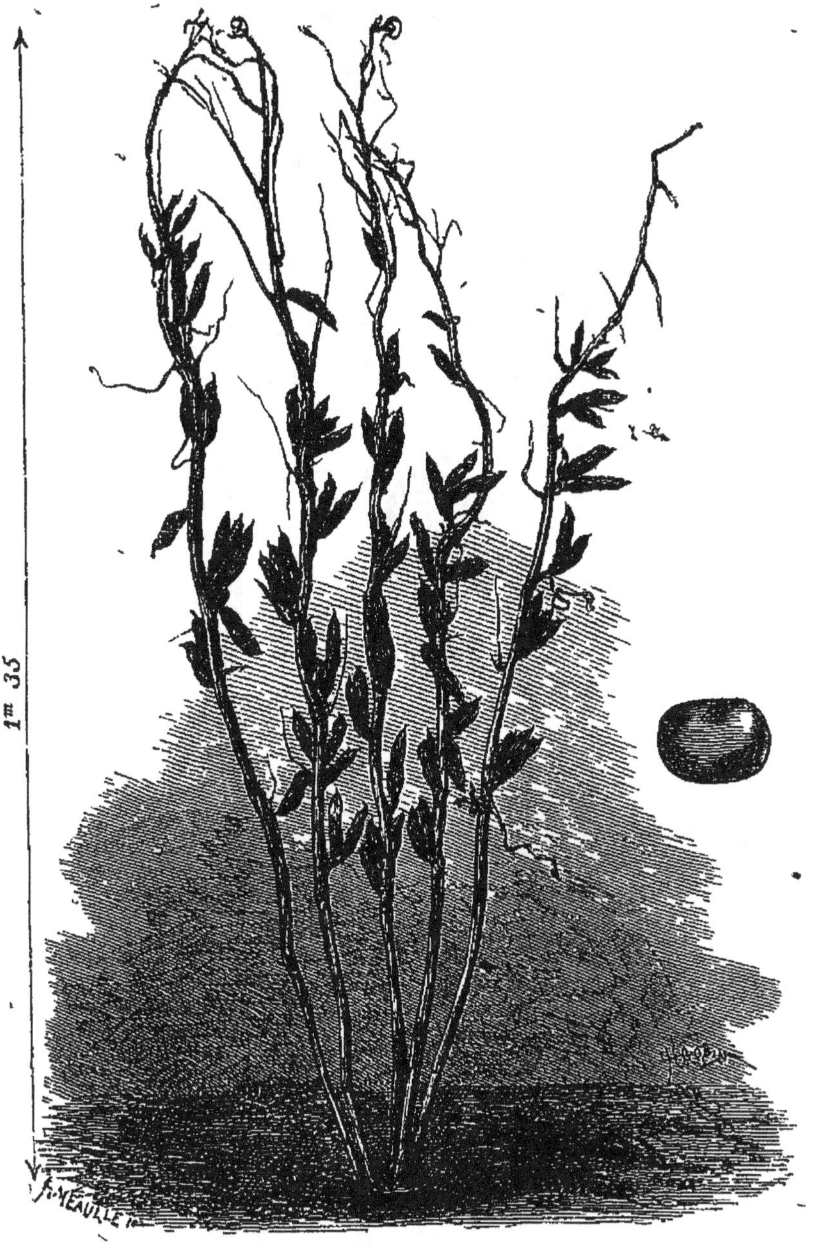

Fig. 99 et 100. — Féverole.

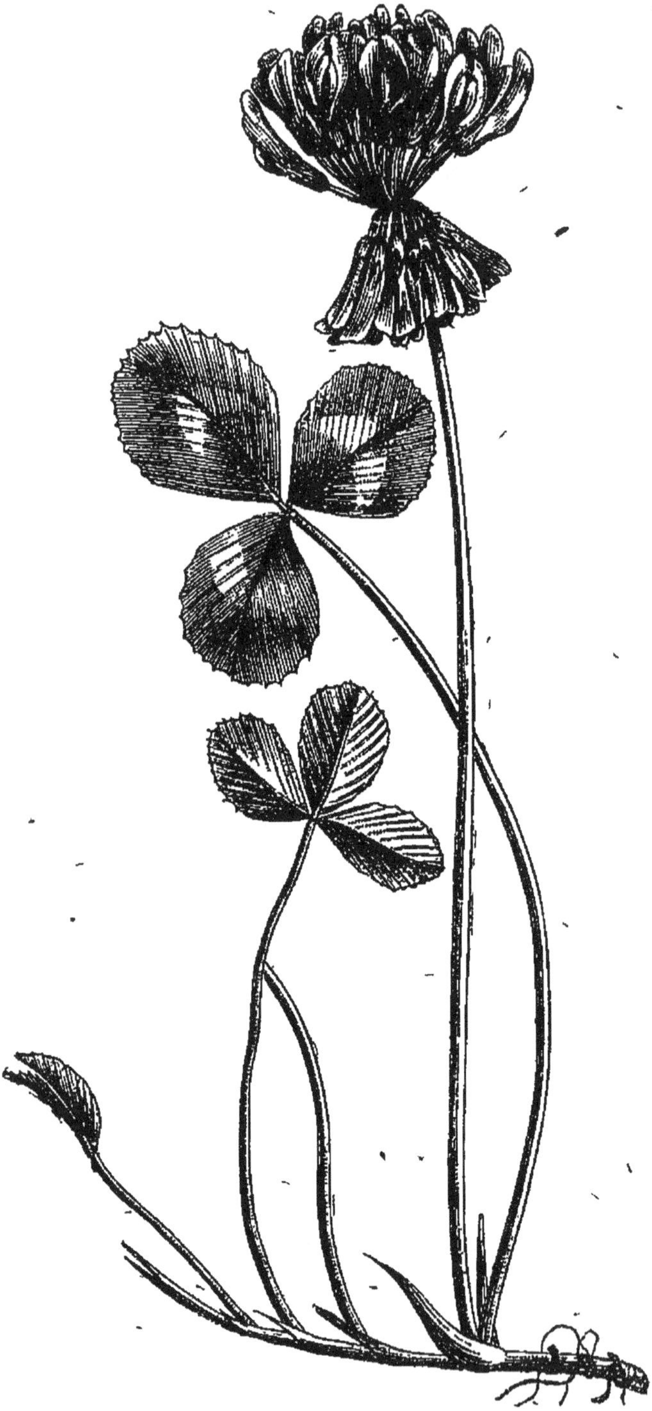

Fig. 101. — Trèfle blanc.

fouir sont, en première ligne, le lupin, les fèves (fig. 99 et 100) et les trèfles (fig. 101); puis les vesces, les raves, la navette; enfin le seigle et le sarrasin. Les feuilles de pommes de terre, de navets, de betteraves, d'après M. Boussingault, profitent plus comme engrais vert que comme aliment de bestiaux.

Quand on veut un fourrage à enfouir, il faut semer serré pour avoir une plus grande masse de substance végétale. Il faut l'enfouir au moment où les plantes sont sur le point de fleurir, parce qu'après la floraison elles tirent plus du sol que de l'air; l'enfouir à une profondeur convenable et semer quelque temps après. Il ne peut être employé seul; une addition de fumier est toujours nécessaire.

Les *mauvaises herbes sèches*, la *paille*, les *feuilles mortes*, la *sciure de bois*, le *tan*, méritent une mention[1]. En général, on les entasse en morceaux, et après quelques semaines de fermentation on les enfouit. Mais ce genre d'engrais est insuffisant; pour avoir une récolte ordinaire, il faut y ajouter du fumier.

Résidus de Grains et de Fruits. — Les grains et les fruits sont, en général, plus riches en azote et en sels solubles que toutes les autres parties des

[1] On fait parfois usage des *eaux de rouissage* comme matière fertilisante.

végétaux. Aussi leurs résidus constituent-ils des engrais plus actifs. On peut citer dans cette catégorie les lupins cuits, les touraillons ou radicelles extraites de l'orge ou du seigle germé chez les brasseurs; les marcs de raisins, d'olives, de drèches, de pommes, de poires, de houblon; les tourteaux d'arachide, de caméline, de sésame, d'œillette, de noix, de lin, de modia, de colza, de chènevis, de graines de coton; la pulpe des pommes de terre et de betteraves, résidus des féculeries et des sucreries.

On les emploie réduits en poudre; plus souvent on les délaye dans l'eau, dans le purin ou dans les urines; quelquefois on les mêle aux fumiers; les marcs de pommes et de poires servent à former un compost avec de la terre et de la chaux vive dans la proportion de 2 de marc, 3 de terre et 3 de chaux. La chaux est nécessaire pour neutraliser l'acide dont ces marcs sont chargés. Quant aux marcs et tourteaux riches en huile, il faut bien se garder de les employer sur des semailles; ils empêcheraient la germination.

Ils conviennent surtout aux terres légères, meubles, sablonneuses. Ils profitent à toute espèce de cultures; mais on les emploie principalement pour les céréales, le lin, le colza et autres graines oléagineuses. Ce sont des engrais chauds; ils durent un an et quelquefois deux.

Tourbe. — La tourbe résulte de l'accumulation des végétaux dans les terrains marécageux. C'est une matière brune ou noirâtre, spongieuse, légère; les débris de plantes qu'on y distingue varient suivant les stations et dépendent surtout de la nature des terrains encaissants.

Les tourbes sont remarquables en ce qu'elles ne contiennent pas d'alcalis, et seulement des traces d'acide phosphorique. Elles renferment fréquemment du phosphate de fer qui enveloppe les racines et les tiges, de la pyrite, du sulfate de fer, des débris d'animaux (os de mammifères, d'oiseaux, etc.), appartenant aux espèces qui vivent actuellement sur les lieux.

Au point de vue chimique, la tourbe représente le premier degré d'altération du tissu ligneux; elle est caractérisée, d'après M. Fremy, par la présence de l'acide ulmique et aussi par les fibres ligneuses ou les cellules des rayons médullaires, que l'on peut purifier et extraire en quantité très-notable au moyen de l'acide azotique et des hypochlorites.

La tourbe constitue un excellent engrais.

Charbon de Bois et Suie. — Ce sont de bons engrais, riches en sels solubles et en matières azotées, qui conviennent à tous les sols et à toutes les cultures. Il en faut de 15 à 20 hectolitres par hectare.

Cendres. — Les cendres de tourbe présentent principalement de la chaux carbonatée, de l'argile, de l'oxyde de fer, de la magnésie et un peu de carbonate de potasse.

Dans les *cendres de houille* on trouve ordinairement de l'argile inattaquable par les argiles, de l'alumine, de la chaux, de la magnésie, de l'oxyde de manganèse, de l'oxyde de fer. Elles agissent comme amendement plutôt que comme engrais. Les cendres de varechs et de fucus, les cendres pyriteuses sont très-puissantes : les premières par la quantité de sels solubles qu'elles renferment, les autres par la grande proportion d'humus insoluble qu'elles contiennent.

Les cendres conviennent à presque toutes les espèces de terrains ; mais leurs effets sont plus remarquables sur les terres argileuses, compactes, humides et froides.

On les applique en poudre et en compost.

CHAPITRE XXXIII.

ENGRAIS SALINS ET MINÉRAUX.

Sels ammoniacaux. — L'utilité des sels ammoniacaux dans la végétation, présumée par la grande quantité d'azote qu'ils contiennent, a été prouvée par les observations et les expériences de MM. Davy Lecoq, Chaterley, Kuhlmann. Mais l'on n'est pas d'accord sur le mode d'action de ces composés. Il n'est pas probable que les sels ammoniacaux à acide puissant soient absorbés tels qu'ils sont par les racines. On a vu mourir très-promptement de jeunes plantes dont les racines plongeaient dans des solutions très-faibles de chlorhydrate, de sulfate et d'azotate d'ammoniaque. En outre, ainsi que le fait remarquer M. Boussingault, si les sels ammoniacaux étaient absorbés en nature par les plantes, on devrait y trouver la proportion correspondante de l'acide des sels, ce qui n'est pas. Ces sels sont donc décomposés dans le sol.

Pour les prairies, il faut employer 400 kilogrammes de sel ammoniac par hectare, pour le blé 200. Dans ce dernier cas, on en donne la moitié en automne, dès que le blé est levé, l'autre moitié au printemps. On le répand en solution qui marque 1 degré à l'aréomètre.

Eau ammoniacale des Usines à Gaz. — En Angleterre, où la fabrication du gaz d'éclairage est considérable et où l'agriculture tire un parti très-grand des sels ammoniacaux, le traitement des eaux de condensation du gaz a lieu sur une vaste échelle. Le charbon contient de 1 à 2 p. 100 d'azote. Au moment où se fait le gaz, l'azote se combine en grande partie avec une portion de l'hydrogène du charbon et forme de l'ammoniaque (AzH_3) qui, rencontrant parmi les produits mêmes de la distillation quelques composés acides, les sature et donne finalement naissance à du sulfhydrate et à du carbonate d'ammoniaque. Au sortir des cornues, les gaz viennent passer dans des barillets à moitié pleins d'eau, où ils abandonnent la presque totalité de leurs composés ammoniacaux. Ce sont ces eaux que nous désignons sous le nom d'*eaux ammoniacales*.

Sulfate d'Ammonium $(AzH_4)2SO_4$). — Ce sel est obtenu par la distillation des eaux de condensation du gaz; il est quelquefois exposé à contenir une petite quantité de sulfocyanure d'ammonium, qui est un véritable poison pour la végétation. On reconnaît ce corps vénéneux à la couleur rouge qui détermine le perchlorure de fer.

On cité l'exemple d'un champ qui, ayant été engraissé avec du sulfate d'ammoniaque, donna, pour 1 hectare, 1233 kilogrammes de foin de plus que l'année précédente, où il n'avait pas reçu d'engrais.

Nitrate de Soude (Na Az O_3). — Dans tous les sols fertiles on est certain de trouver de l'acide nitrique, principalement à l'état de nitrate de chaux, et souvent en grande abondance. Ce sel paraît même fournir à beaucoup d'espèces de plantes une source plus convenable d'ammoniaque que les composés ammoniacaux. Le nitrate de potasse ou salpêtre se trouve en quantités immenses dans l'Inde, mais il coûte trop cher pour qu'on l'emploie comme engrais. Le nitrate de soude brut, appelé aussi *nitrate cubique*, existe en dépôts très-étendus au Pérou, au Chili et au Brésil. Après purification, il est exporté principalement en Europe et aux États-Unis, où il sert pour la fabrication de l'acide sulfurique, en même temps qu'il fournit à l'agriculture un engrais précieux. Il contient en effet de 15 à 16 p. 100 d'azote, de telle sorte que 3 parties de ce sel sont aussi riches que 2 parties de sulfate d'ammoniaque.

Gypse (sulfate de chaux = Ca $So_4 + 2H_2O$): —

Le gypse, que l'on trouve en grande abondance aux

Fig. 102. — Trèfle rouge.

environs de Paris, se distingue en plâtre *cru* et en plâtre *cuit* ou *calciné*.

On en donne environ 3 hectolitres par hectare.

On le pulvérise et on le répand à la main, au printemps, sur les plantes, lorsqu'elles ont atteint la hauteur de 12 à 15 centimètres.

Son action est favorisée par l'humidité et la chaleur. Les grandes pluies nuisent à son effet, les gelées empêchent, et quelquefois détruisent son action; la sécheresse l'arrête. C'est sur les terrains argileux, calcaires et sablonneux qu'il réussit le mieux. Ses effets sont encore plus remarquables lorsqu'il est associé au fumier; son efficacité très-marquée sur les légumineuses, telles que les trèfles rouge (fig. 102) et incarnat (fig. 103), est assez sensible aussi sur le tabac, le colza, le chou, le chanvre, mais presque nulle sur les céréales.

Sulfate de Magnésie ($MgSO_4 + 7H_2O$). — Ce sel s'emploie quelquefois dans les cultures de blé. Comme la magnésie est un élément constituant des graines des céréales, ses sels peuvent être, dans certains cas, d'un bon usage. Cependant les agronomes se préoccupent rarement de les acheter. Dans la plupart des engrais le phosphate et le carbonate de magnésie se rencontrent en petite quantité, et il y a peu de calcaires qui soient entièrement dépourvus de magnésie.

Sels de Potasse. — Le prix des sels de potasse

Fig. 103. — Sommité de tige du Trèfle incarnat.

destinés à l'agriculture a baissé considérablement dans ces dernières années. Aussi leur usage est-il devenu général. On peut distinguer parmi eux, comme plus importants, les sels suivants :

Chlorure de potassium (KCl). — Ce composé renferme 52,35 p. 100 de potassium ou 63,1 de potasse. On l'obtient dans les usines où l'on purifie le nitre, dans les raffineries de mélasse et dans les marais salants, dont on évapore les eaux mères après la cristallisation du sel commun. L'agriculture ne l'a jamais employé en grande quantité.

Kaynite. — Les dépôts salins si riches en potasse que l'on a trouvés aux environs de Stassfurt en Prusse fournissent une matière que l'on expédie dans le monde entier sous le nom de *kaynite*. Sa composition, très-variable, résulte du mélange en proportions diverses des minéraux exploités dans ce gisement, c'est-à-dire la kiésérite ou sulfate de magnésie hydraté, le sel ordinaire, la carnalite ou chlorure double de potassium et de magnésium, la polykalite, composée des sulfates de magnésie et de chaux ; le sulfate de chaux, le chlorure de magnésium et un ou deux autres minéraux. En général c'est le chlorure et le sulfate de magnésie et le sel commun qui dominent de beaucoup ; la potasse, surtout à l'état de sulfate, représente en moyenne 14 p. 100 du poids total.

Sel marin. — Il est hors de doute que le sel marin en excès nuit à la végétation ; les terres salées en sont une preuve; mais, employé dans une proportion convenable, il ajoute à la fécondité du sol.

Suivant M. Becquerel, les plantes en absorbent une assez grande quantité, et M. Lecoq a démontré que par son action elles s'assimilent une plus grande quantité de carbone. Mais il a aussi une action indirecte, car le chlorure de sodium, mêlé au carbonate de chaux, sous l'influence combinée de l'humidité, de l'air et de la capillarité, se change en carbonate de soude.

Quoi qu'il en soit, on ne doit jamais l'employer qu'avec les plus grandes précautions. Il faut le dissoudre dans l'eau en petite proportion et arroser de cette solution les plantes déjà levées; les semences en germination en seraient endommagées. On peut aussi le mêler aux fumiers. Les grandes pluies l'entraînent dans les couches inférieures du sol ; la sécheresse le rend nuisible. Aussi exige-t-il un degré convenable d'humidité.

Dans les terrains sablonneux et légers, comme dans ceux argileux et forts, le sel est nuisible ; c'est dans les sols argilo-calcaires qu'il exerce la plus favorable influence.

CHAPITRE XXXIV.

FALSIFICATIONS ET VALEUR DES ENGRAIS ARTIFICIELS.

Il y a quelques années l'usage de falsifier les engrais, et spécialement le guano, s'était introduit dans le commerce. Cet abus ne se produit plus aussi fréquemment; cependant, quoique plus pur, le guano offre de temps à autre des falsifications. Aussi, pour s'en garantir, les acheteurs doivent-ils exiger que les sacs dans lesquels il leur est livré portent des plombs à la marque des consignataires du guano péruvien. Sur l'un de ces plombs sont écrits les mots : *Guano du Pérou*, sur l'autre : *Gouvernement du Pérou*, avec une corne d'abondance. En tout cas le cultivateur doit garder dans une bouteille fermée un échantillon du guano qu'il a employé ; et si l'engrais ne produit pas tous les effets qu'il en attendait, faire analyser son échantillon, et poursuivre le vendeur s'il y a lieu.

C'est une faute d'ailleurs d'acheter des engrais

artificiels sans les faire analyser; car souvent les marchands les vendent à un prix trop élevé.

Cependant le prix des engrais est assez difficile à établir, car leur valeur varie suivant le cours des marchés. C'est ainsi que le sulfate d'ammoniaque, qui était coté il y a quelques années à 40 fr., se vend aujourd'hui 56 et 60 fr. A ce prix le kilogramme d'azote coûtera 2 fr. 80 c. Pour calculer la valeur de l'azote contenu dans un engrais il faut doubler sa teneur en azote calculé pour 100 parties: l'azote contenu dans un engrais renfermant 5 p. 100 d'azote, représentera au minimum 10 fr. pour les 100 kilogrammes.

Selon que l'acide phosphorique est soluble ou non, sa valeur varie singulièrement. L'acide phosphorique soluble est généralement coté de 1 à 1 fr. 20 c. le kilogramme; l'acide phosphorique précipité a souvent la même valeur. Quant au prix des phosphates insolubles, on peut le déduire du prix des nodules pulvérisés; en général ces engrais renferment 40 p. 100 de phosphate de chaux, et ils valent 5 fr. les 100 kilogrammes.

On a ainsi pour le prix de 1 kilogramme de phosphate 5/40 = 0,12. Ce prix est beaucoup plus bas que celui atteint par le phosphate de chaux dans le noir animal, et sur les défrichements les nodules réussissent aussi bien que le noir animal.

La potasse est généralement estimée à 80 c. le kilogramme.

En employant les nombres précédents, il n'est donc pas difficile de calculer la valeur d'un engrais. Ainsi, si nous avons à fixer la valeur du guano renfermant :

Azote dosé	15,29
Phosphate de chaux soluble. . . .	6,76
Phosphate de chaux insoluble . . .	19,52

Nous aurons :

Azote	15,29×2	=30,58
Phosphate soluble renfermant la moitié de son poids en acide phosphorique . . .	6,76×0,50=	3,38
Phosphate insoluble. . . .	19,52×0,12=	2,34
		36,30

Et, en effet, le guano du Pérou se vend à raison de 35 fr. les 100 kilogrammes en quantités plus grandes que 10,000 kilogrammes, et à raison de 37 fr. 50 c. en quantités inférieures à 10,000 kilogrammes, prix qui comprennent entre eux celui indiqué ci-dessus.

CHAPITRE XXXV.

LES FOURRAGES.

Une grande partie de la surface totale des terres cultivées se présente sous la forme de prairies et de pâturages. Les plantes qui y croissent appartiennent à des familles très-variées, principalement à celles des graminées et des légumineuses. On s'en sert de trois manières différentes : 1° tantôt les animaux les broutent sur pied ; 2° tantôt on les coupe pour les donner en vert aux animaux ; 3° tantôt enfin, on les dessèche après les avoir fauchées et on les transforme en foin.

Les feuilles et les tiges des plantes vertes sont beaucoup moins nutritives que leur composition ne semble l'indiquer.

Composition des Tiges et des Feuilles des Plantes vertes.

	Navets blancs.	Navets de Suède.	Carottes.	Panais.
Eau	88,0	86,5	84,0	85,7
Albumine . . .	2,5	3,2	3,2	2,0
Carbo-hydrates	3,8	4,3	7,2	6,3
Fibres . . .	3,9	4,2	3,1	2,6
Cendres. . .	1,8	1,8	2,5	2,4

Paille. — Les pailles des céréales et de quelques légumes constituent un excellent aliment pour le bétail et les chevaux. Leur composition et leur valeur nutritive dépendent dans une grande mesure de la saison où on les coupe. Si on les laisse pousser jusqu'à ce qu'elles soient devenues tout à fait jaunes, elles perdent plus d'azote et leurs éléments albuminoïdes solubles deviennent en grande partie moins solubles, et par conséquent gardent moins de valeur. La plus grande partie des éléments non azotés de la paille consiste en cellulose, qui est tendre et digestive quand elle est jeune ; même les variétés dures de cellulose sont partiellement digestibles, comme l'ont montré les expériences de Stockhardt et de Süssdorf sur les moutons. En général les pailles se classent dans l'ordre suivant d'après leurs facultés nutritives décroissantes : pois, avoine, fèves avec les gousses, orge, froment et fèves sans les gousses.

Composition des Pailles.

	Eau.	Matières albuminoïdes solubles.	Matières albuminoïdes insolubles.	Huile.	Carbo-hydrate.	Fibre digestible.	Fibre indigestible.	Cendres.
Avoine irlandaise coupée verte . . .	14,00	4,08	2,09	1,84	13.79	59,96		4,24
» » tout à fait mûre .	14,00	2,04	3,00	1,25	10,18	65,45		4,07
Avoine anglaise	16,00	1,29	2 36	1,25	3,19	27,75	41,82	6,34
Froment irlandais vert passant au jaune.	13,00	1,25	1,26	1,22	4,18	75,84		5,23
Froment irlandais tout à fait mûr . .	12,14	0,44	1,41	1,14	3,88	77,76		3,23
Orge non mûre	17,50	5,73		1,17		71,44		4,52
Orge sèche après maturation	15,20	0,68	3,75	1,30	2,24	5,97	66,54	3,24
Fèves.	19,40	1,51	1,85	1,02	4,18	2,75	65,58	3,71
Pois.	16,02	3,96	5,90	2,34	8,32	17,74	42,79	4,95
Paille de lin	14,60	47,75		2,82	8,72	18,56	43,12	7,37

Ces analyses ont été faites, les unes par M. Cameron, les autres par le Dr Vœlcker.

Pourquoi le Foin varie en Composition. — Comme les espèces de plantes qui composent le foin sont très-nombreuses, qu'elles sont consommées à des périodes différentes de leur développement, que les sols sur lesquels elles poussent sont très-variés, qu'elles sont soumises à des conditions climatériques diverses et qu'on ne leur applique pas toujours les mêmes engrais, il est tout naturel que le foin ait une composition très-peu constante. C'est pour ces raisons qu'il est si difficile de comparer la valeur des différentes plantes fourragères au point de vue nutritif.

La Composition des Plantes varie pendant le Cours de leur Croissance. — Dans les jeunes plantes les proportions d'eau et de matières minérales sont élevées ; les matières albumineuses abondent dans les feuilles, et comme les feuilles constituent la plus grande partie des jeunes plantes, celles-ci sont riches en azote. A mesure que la tige s'accroît, la proportion d'azote dans la plante entière diminue, car la tige consiste surtout en cellulose qui ne contient pas d'azote. Les corps gras abondent dans la jeune plante ; mais les carbo-hydrates, et spécialement la cellulose, augmentent avec l'âge. La luzerne croît en poids jusqu'à l'époque de sa maturité, et le Dr Voelcker a déterminé la proportion de matières solubles que cette plante renferme aux périodes successives de son développement. Le 2 juin la matière soluble constituait 40,04 p. 100 du poids sec, et le 28 juillet elle était tombée à 29,27 p. 100. Wolf trouva que la luzerne rouge coupée jeune contient 21,29 p. 100 de substances albuminoïdes, et qu'il n'y en a plus que 9,5 à l'époque de la maturité. Dans les mêmes conditions le poids des cendres diminue de 9,8 à 5,6 p. 100. Way trouva dans les jeunes herbes 25,9 p. 100 de corps albuminoïdes, et seulement 10,9 dans les vieilles. Les corps gras étaient trois fois plus abondants dans les jeunes plantes. Kühn examina les vesces à quatre périodes de leur croissance, et trouva que les matières albuminoïdes, qui le 23 mai s'élevaient à 28,8 p. 100, ne représentaient plus le 12 juillet que 15,9 p. 100. Tous ces résultats et d'autres que nous pourrions rapporter montrent qu'il est avantageux de couper les fourrages de bonne heure, c'est-à-dire au plus tard à l'époque de leur pleine floraison.

Les plantes légumineuses sont plus azotées que les herbes. Le foin contenant une grande proportion de luzerne (fig. 104) est par conséquent riche en azote, et les animaux qui s'en nourrissent produisent un engrais de meilleure qualité que s'ils sont nourris avec des herbes seules.

Fig. 104. — Luzerne.

Herbes bonnes et Herbes inférieures. — Dans le tableau qui suit on trouve la composition des four-

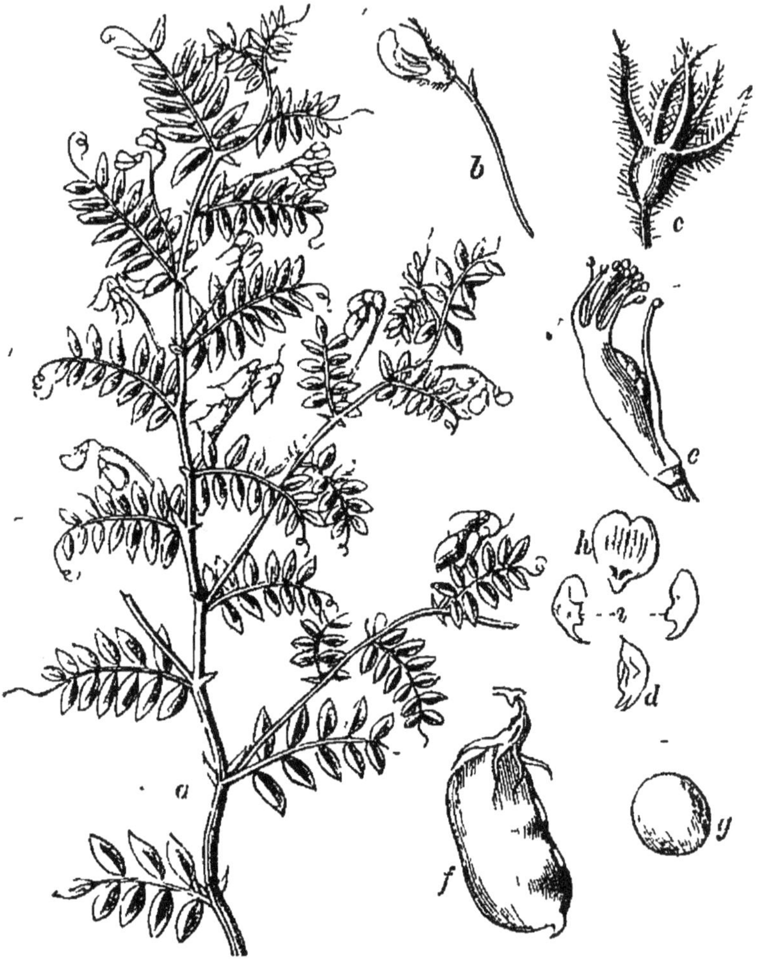

Fig. 105 à 111. — Lentille.

rages d'après R. Warrington. La composition centésimale est celle des herbes desséchées (foin), en admettant que dans chacune il y a 15 p. 100 d'eau.

La première colonne de chiffres montre la proportion d'eau dans les plantes fraîches. Comme la composition du foin de prairie est déduite du résultat

Fig. 112 et 113 — Mélilot.

moyen de cinquante analyses, et celle de la luzerne de prairie du résultat moyen de douze analyses, elle représente probablement la vraie nature de ces plantes. Les autres chiffres n'étant pas basés sur autant d'analyses, ne sont pas si certains.

Composition de Fourrages.

	Eau dans les plantes fraîches.	Eau dans le foin.	Matières albuminoïdes.	Graisses.	Matières extractives non azotées.	Fibres ligneuses.	Cendres.
Herbes moyennes de 18 espèces (Wag.)	68,8	15	9,4	2,6	38,8	28,5	5,7
Herbes moyennes de 21 espèces	70,2	15	7,8	2,1	35,1	34,0	6,0
Foin de prairie.	»	15	9,2	2,8	41,0	25,8	6,2
Luzerne rouge	78,0	15	14,2	3,1	37,2	24,8	5,7
Luzerne blanche	80,0	15	15,7	3,6	36,7	22,1	6,9
Trèfle	80,0	15	15,7	3,3	34,4	25,8	5,1
Vesce	82,0	15	14,5	2,6	35,2	25,9	6,8
Luzerne commune	74,0	15	14,5	2,5	34,8	26,7	6,5
Sainfoin	79,0	15	13,9	2,6	34,7	28,7	5,1
Luzerne cramoisie	82,0	15	12,9	3,0	30,8	32,2	6,1

Way détermina la composition du foin fait de chacune des herbes artificielles les plus importantes. Le résultat moyen donna (l'eau dans chaque cas étant prise à 16,6 p. 100) 15,81 p. 100 de corps albuminoïdes, 3,18 p. 100 de matières grasses, 34,42 de matières digestibles non azotées, 22,47 de fibres ligneuses, et 7,59 de cendres. La luzerne jaune était la plus riche en matières albuminoïdes (20,50 p. 100).

Suivant Anderson, la dernière récolte de foin est égale en composition à la première.

Action épuisante des Cultures de Foin. — Une récolte de foin de prairie pesant 2 tonnes enlève au sol environ 62 livres d'azote, 70 de potasse et 16 d'acide phosphorique.

Deux ou trois de ces cultures successives sans engrais amènent même une bonne terre à l'épuisement.

Plantes cultivées occasionnellement pour Fourrages. — Les lentilles (fig. 105 à 111), le lupin et le mélilot (fig. 112 et 113) sont occasionnellement semés comme plantes fourragères. Ce sont des légumineuses, mais sauf le lupin jaune, elles sont fort peu cultivées.

Le lupin (fig. 114) sert, soit comme matière alimentaire, soit comme engrais vert. Il paraît que les

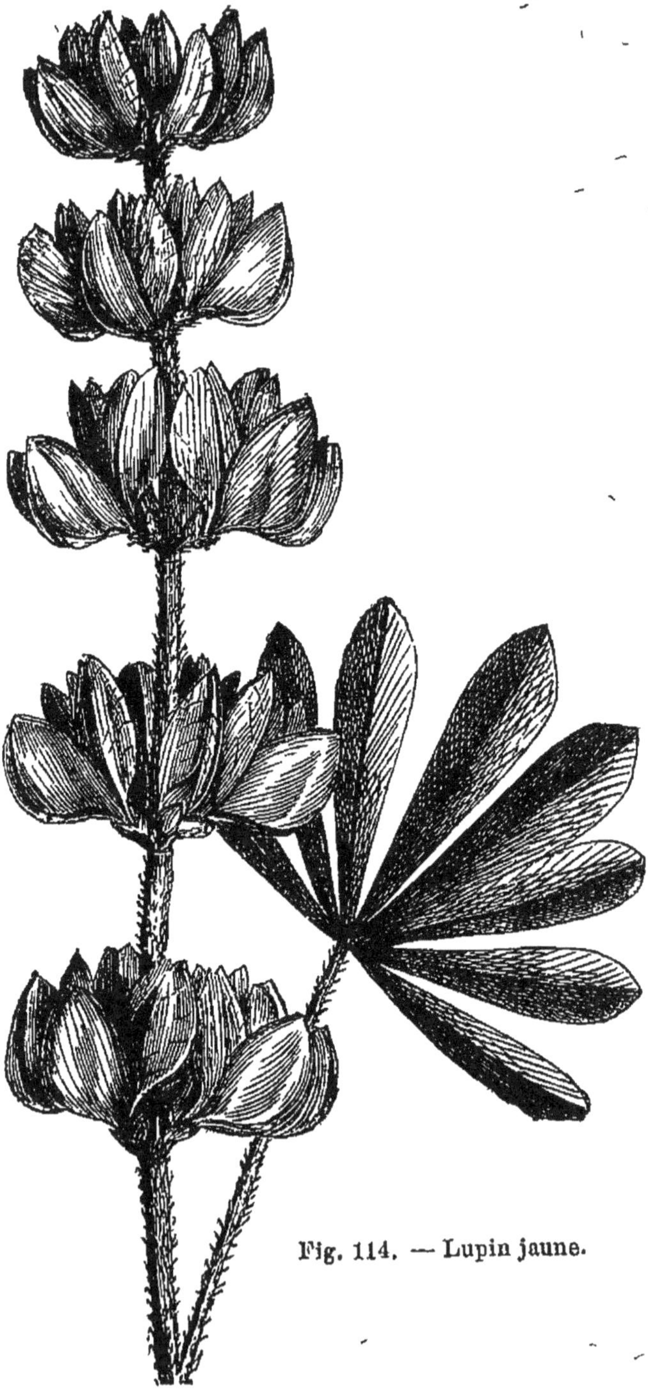

Fig. 114. — Lupin jaune.

bestiaux et les moutons le mangent volontiers, mais que les porcs le refusent. D'après Vœlcker sa composition se rapproche de celle des légumineuses ordinaires, avec la différence d'un défaut de sucre. Le meilleur titre du lupin jaune c'est de pouvoir être cultivé avec profit dans des sols très-pauvres. Le plantain lancéolé se rencontre souvent dans nos prairies, mais on ne le cultive guère spécialement.

Le seigle vert est quelquefois employé comme un fourrage, et quelques fermiers le regardent comme égal à la luzerne.

La chicorée (fig. 115) et le sarrasin ont été employés comme fourrages. Parmi les autres plantes cultivées quelquefois dans le même but, on peut citer la moutarde (fig. 116 à 120), la millefeuille et la consoude. La houlque sucrée a été introduite en Europe depuis quelques années, mais elle ne paraît pas avoir été accueillie dans beaucoup de fermes. Elle est riche en sucre et très-appréciée par tous les animaux des fermes.

Navette. — C'est un des meilleurs fourrages que nous possédions. Deux variétés sont cultivées communément : la navette d'été (*Brassica campestris oleifera*) et la navette d'hiver (*B. rapus*). L'importance de la navette vient principalement de ce fait qu'elle est généralement cultivée en *récoltes volées*, car en ce qui concerne sa composition elle est inférieure à la plupart des fourrages. La navette pousse si vite, que si elle est enlevée rapidement elle peut

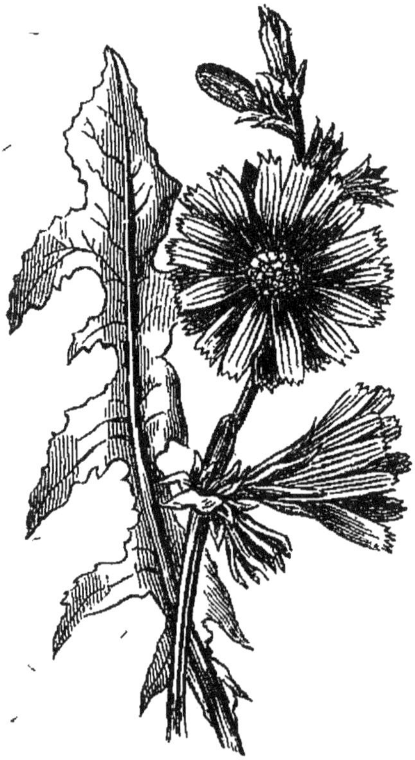

Fig. 115. — Chicorée.

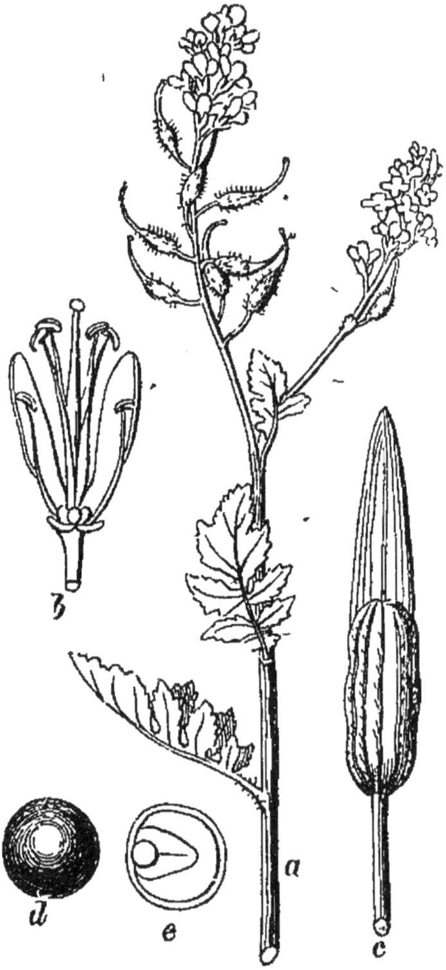

Fig. 116 à 120. — Moutarde blanche.

être remplacée sur le sol par de l'orge ou de l'avoine. De cette façon une récolte de navette peut être gagnée sans déplacement d'aucune autre culture.

Fig. 121 et 122. — Chou cavalier.

Choux. — Les choux (fig. 121 et 122) constituent un excellent fourrage pour les bestiaux et méritent d'être cultivés comme tels sur une plus grande surface qu'ils ne le sont à présent. Les feuilles extérieures des choux sont plus nutritives que les feuilles intérieures, et la plante vaut mieux dans son jeune âge que plus tard. Comme fourrage, les variétés à feuilles écartées sont préférables aux variétés à feuilles compactes.

Les bruyères sont parfois utilisées ainsi que les genêts et les ajoncs qui poussent souvent sur des terrains tout à fait stériles. Enfin les consoudes, qui ont été signalées récemment comme fournissant aux bestiaux une grande quantité de bonne nourriture, demandent un sol riche. Leur étude au point de vue agronomique n'est pas encore complète.

Composition de diverses Plantes fourragères sur 100 Parties.

	Eau.	Matières albumi-noïdes.	Graisses.	Sucre, amidon, etc.	Fibres ligneuses.	Cendres.
Lin.	87,06	3,13	0,37	4,00	3,56	1,61
Lupin jaune.	89,20	2,38	0,89	3,96	3.22	0,80
Seigle vert	75,40	2.71	2,55	9,14	10,50	1,36
Sorgho	81,80	2,19	0,56	10,97	4,03	0,99
Plantain.	84,78	2,18		6,08	5,10	1,30
Moutarde	86,30	87,12	4,40		4,39	2,04
Consoude.	88,41	2,71		6,89		1,99
Millefeuille séché	—	0,34	2,51	45,46	32,69	9,00
Feuilles de chicorée	90,94	1,01		6,63		1,04
Bruyères coupées tout à fait sèches en août.	72,00	3,21	1,18	8,20	13,33	2,08
Feuilles de chou extérieures	91,08	1,63		5,06		2,23
Feuilles de chou intérieures	94,48	0,94		4,08		0,50
Id. d'après Vœlcker	89,42	1,50	0,08	7,01	1,14	0,85
Feuilles de melon	92,98	1,53	0,73	2,51	1,65	0,60

CHAPITRE XXXVI.

CULTURES FOURNISSANT DES GRAINES.

Froment. — On peut cultiver le froment (fig. 123 à 127) dans toutes les classes de terre, pourvu qu'elles aient été convenablement assainies, amendées et fumées. Si on a le choix, cependant, on choisira plutôt les terres argileuses. Les travaux particuliers à faire dépendent de la récolte à laquelle on fait succéder le blé.

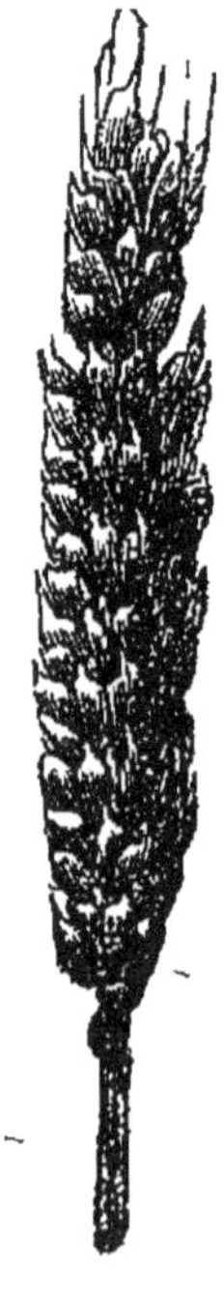

Fig. 123. Froment.

Dans le cas où cette récolte succède aux jachères, la terre est libre dès le mois de septembre de l'année précédente. On donne en hiver des engrais au fumier de ferme, un labour profond et un hersage; en avril, un deuxième labour appelé *binage* a lieu et est suivi d'un roulage pour tasser

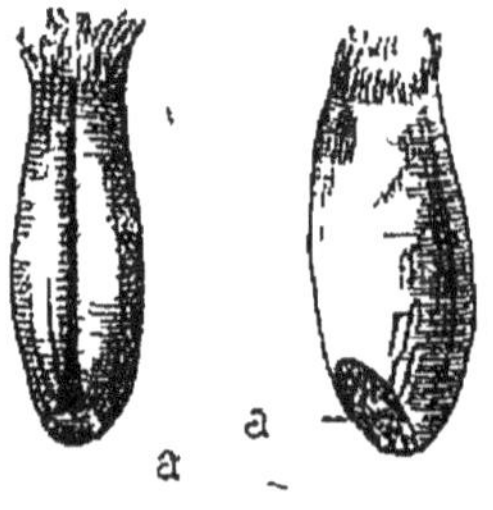

Fig. 124 et 125. Fruit du Froment vu de face et un peu grossi.

la terre et la tenir fraîche. Enfin, en septembre ou en octobre, très-peu de temps avant les semailles, on donne le *labour à demeure*, qui prépare la terre à recevoir les semences.

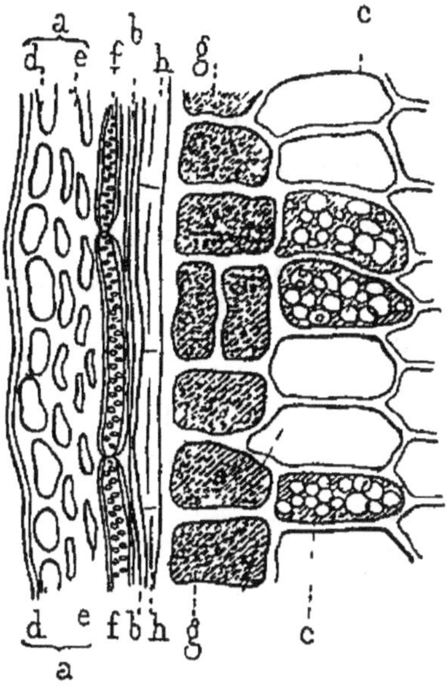

Fig. 126. — Portion d'une Coupe transversale du Grain de Froment.

Le plus souvent, en Beauce, on cultive le blé après les prairies d'un an. Dans ce cas la terre est libre au mois de juin. On fume, on guerte, on herse; après la moisson on bine, et en octobre on donne le labour à demeure. Quand il s'agit de blé sur racines,

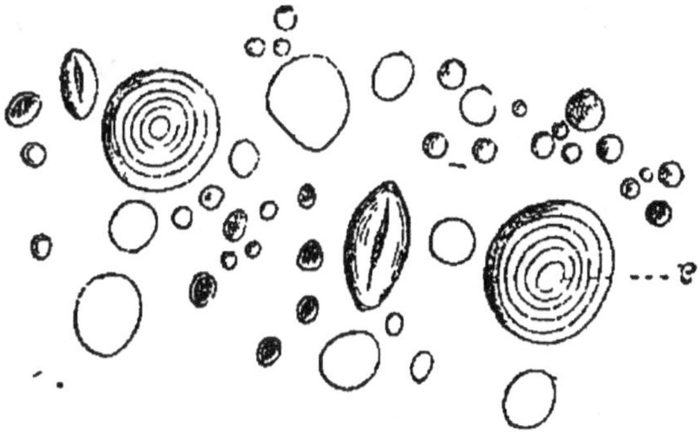

Fig. 127. — Fécule de Froment.

il importe que le fumier de ferme ait été donné l'année précédente et à l'usage spécial de la racine. La terre n'est libre qu'en octobre. Aussitôt on herse, on fume avec du guano quelquefois, on laboure à demeure et on sème.

Pour les semences on choisit des graines de première qualité et purgées de toute graine étrangère. La dose la plus convenable est 2 1/2 hectolitres à l'hectare, quand on sème à la volée; 2 hectolitres suffisent en employant les semoirs.

Les semailles se font du 1er octobre au 15 novembre.

On reconnaît que le blé est assez mûr, quand les feuilles jaunissent et que ses grains sont assez durs pour ne pas s'écraser sous les doigts. Il importe de laisser mûrir debout les blés réservés pour semences, mais on peut laisser mûrir en moyettes les blés destinés à la vente.

En Beauce on obtient, dans les bonnes années, 20 hectolitres de grain, pesant 75 kilogrammes l'hectolitre, par hectare; on récolte 240 bottes de 10 kilogrammes, de longues pailles et 250 kilogrammes de balles.

Les grains de froment sont vendus pour la nourriture de l'homme; les balles entrent dans l'alimentation des bestiaux, ainsi que le son que l'on sépare de la farine. Les longues pailles sont utilisées pour couvrir les meules de foin et quelquefois les bâtiments. La plus grande masse est employée comme litière.

Avoine. — L'avoine (fig. 128) réussit dans toutes les classes de terre, et on peut la cultiver après

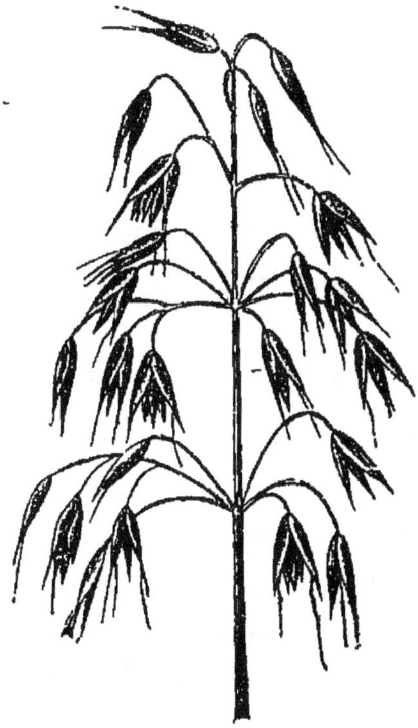

Fig. 128. — Avoine.

toutes sortes de plantes, sans fumure spéciale. Pour les semailles on emploie 3 hectolitres de semence par hectare quand on la cultive seule, 2 hectolitres quand on sème une prairie en même temps.

L'avoine de semence doit mûrir sur pied, mais

celle qui doit servir à l'alimentation est coupée dès que les grains commencent à noircir. Les faucheurs la déposent en rangs sur le champ. Elle y reste pendant deux ou trois semaines, jusqu'à sa maturité complète.

Fig. 129. Orge.

Fig 130. Seigle.

Les grains servent à l'alimentation des chevaux ; on en donne également aux brebis mères. Lorsque l'avoine est infectée de charbon, on la lave pour enlever les poussières ; on fait quelquefois macérer l'avoine dans l'eau pour en attendrir l'écorce et faciliter sa digestion. La balle d'avoine mêlée à la pomme de terre sert à l'alimentation des bœufs, qui aiment aussi à fourrager les longues pailles d'avoine.

Orge. — Le grain d'orge est employé à la fabrication de la bière, et quelquefois à la nourriture des chevaux et des moutons, en le faisant concasser au moulin. Souvent l'orge (fig. 129) est mêlée au blé par moitié pour faire de la farine destinée au pain de la ferme.

En Beauce on appelle *mouture* un mélange de blé et d'orge cultivés ensemble. On allie à l'orge du blé de printemps ou *blé de mars*.

L'orge redoute les terrains humides et préfère les terres sablo-argileuses ou argilo-calcaires. Les semailles se font en avril, après celles de l'avoine. On choisit autant que possible un temps sec. On emploie 2 3/4 hectolitres à l'hectare pour les semences à la volée.

L'orge est mûre en août, en même temps que le blé. On la fauche en la laissant étendre en raies sur le champ. Quinze jours après on met les brins en gerbes. En Béarn on récolte par hectare 1500 kilogrammes de grain et 3000 kilogrammes de longues pailles.

Seigle. — Le seigle (fig. 130), ordinairement cultivé après les prairies, vient bien dans toutes les classes de terre. On emploie, pour le semer, 2 1/2 hectolitres par hectare. Il n'exige pas de travaux pendant sa végétation. Mûr environ quinze jours avant le blé, on le moissonne quand la tige et les feuilles sont jaunes. La farine de seigle sert à faire le pain ; le grain concassé est donné aux porcs à l'engrais ; les balles mélangées aux racines sont données aux bœufs; et les longues pailles servent à faire les liens des gerbes.

Fig. 131. — Maïs.

Maïs. — Le maïs (fig. 131) tient une place importante dans l'agriculture du midi de la France. On peut le cultiver dans les terres de toute espèce, pourvu qu'elles aient assez de profondeur pour résister aux longues sécheresses de l'été. Il lui faut un terrain très-labouré et une fumure très-abondante. On emploie dans le Midi de 40 à 50 tonnes de fumier de ferme par hectare.

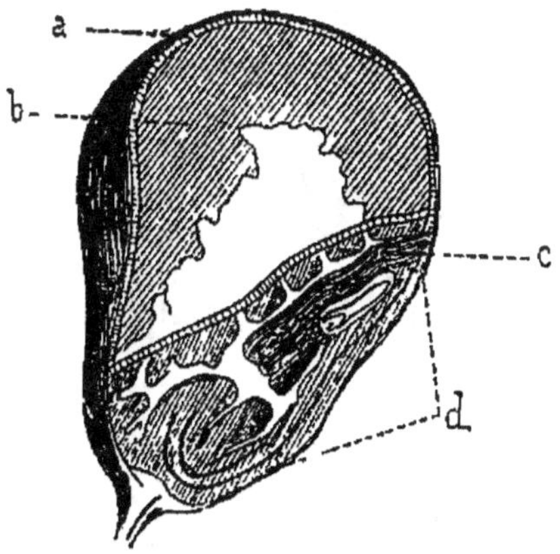

Fig. 132. — Coupe longitudinale du Grain de Maïs.

Si l'on veut que les grains semés lèvent plus vite, on les fait tremper quelques heures dans l'eau tiède; puis on les saupoudre de plâtre pour éloigner les oiseaux, qui en sont très-friands.

Le maïs est bon à cueillir quand ses graines sont bien dorées. Les épis sont cueillis à la main.

Les graines de maïs (fig. 132), très-riches en principes gras, servent à l'engraissement du bétail et spécialement des volailles.

Comme pain, il sert à l'alimentation de bien des

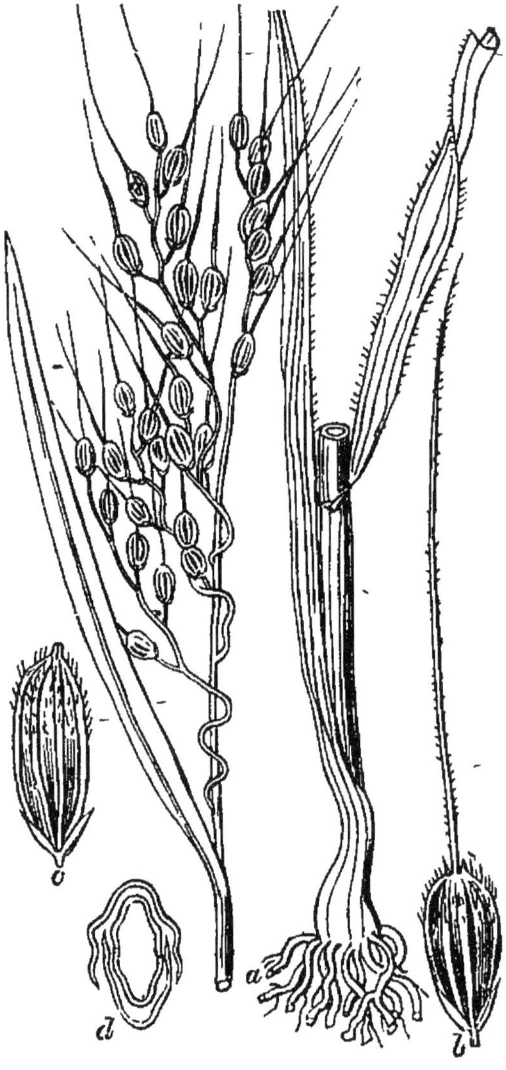

Fig. 133 à 137. — Riz.

populations pauvres. L'industrie en extrait la matière grasse. On en fait aussi de l'alcool. Les pailles, très-poreuses, sont fort bonnes pour litière, après qu'on les a d'abord fait fourrager par les animaux. Le fumier qui en résulte est un excellent engrais pour les vignes.

Riz.—Le riz (fig. 133 à 137) est plus pauvre en azote qu'aucune des graines employées ordinairement. Il ne contient que peu de graisse et de matière minérale, et sa valeur est due à sa forte proportion d'amidon (76 à 80 p. 100). Il est loin de constituer une nourriture aussi économique que le maïs et l'avoine.

Millet (fig. 138). — C'est la graine du *Panicum setaria*, cultivé surtout dans l'Inde et

Fig 138. — Millet.

dans d'autres contrées chaudes. Le grain est petit, mais très-nutritif, et il est très-recherché pour les oiseaux en cage et pour les poulaillers.

Sorgho. — Le sorgho (fig. 139) est peut-être le grain nutritif le plus connu de l'Afrique. On le cultive sur une grande échelle dans l'Inde et dans d'autres parties de l'Asie.

On l'importe quelquefois dans nos pays comme nourriture pour les bestiaux et les volailles. Il ne fait pas de bon pain, mais c'est un excellent ingrédient pour les puddings. Il est intermédiaire entre le froment et le riz.

Sarrasin. — En Bretagne et en Normandie la plus grande partie du sarrasin est consommée par les paysans, soit à l'état de bouillie en le délayant dans du lait, soit à l'état de galette en le mettant en pâte avec du lait aigri, soit à l'état de pain en y mélangeant de la farine de froment pour faire lever la pâte.

Le sarrasin (fig. 140 à 143) ne reste que trois ou quatre mois en terre; on le récolte en octobre. Les graines sont mûres quand elles noircissent. On les coupe à la faucille, et on en fait des faisceaux qu'on lie à la partie supérieure et qu'on laisse debout sur le champ pendant dix à quinze jours.

Composition de Graines de Céréales.

(Professeur Wolff.)

	Eau.	Cendres.	Corps albuminoïdes.	Carbohydrate.	Fibres non assimilables.	Graisses etc.
Froment d'hiver	14,4	2,0	13,0	67,6	3,0	1,5
Triticum spelta.	14,8	3,9	10,0	54,8	10,5[1]	1,5
Orge d'hiver . .	14,3	2,3	9,0	65,9	8,5	2,5
Orge d'été . .	14,3	2,6	9,5	66,6	7,0	2,5
Avoine	14,3	3,0	12,0	60,9	10,3	6,0
Maïs	14,4	2,1	—10,0	68,0	5,5	7,9
Millet	14,0	3,0	14,5	62,1	6,4	3,0
Sarrasin	14,0	2,4	9,0	59,6	15,0	2,5
Seigle d'hiver .	14,3	2,0	11,0	69,2	3,5	2,0
Riz	14,6	0,5	11,5	76,8	0,9	0,5

[1] La proportion de fibres est très-élevée; Pellitz, dans une analyse récente, n'en signale que 3,38 p 100.

Composition des diverses Parties de Graines.

	Froment.		Farine de maïs.	Farine d'avoine.	Farine d'avoine secondaire.	Paille d'avoine.	Paille de seigle.	Paille d'orge.	Paille de maïs.	Capsule de graine de lin	Fleur de farine de seigle.
	Son.	Fleur de farine.									
Eau	13	12,6	9,00	8,7	9,26	14,3	14,3	14,3	14	7,50	14,0
Matières albuminoïdes. . .	12	11,8	10,00	12,7	16,18	4,0	3,5	3,0	3	24,44	11,0
Graisse.	2	1,2	4,98	7,5	8,00	1,5	1,2	1,5	1,1	»	1,6
Carbo-hydrates.	50	74,1	71,40	62,0	57,53	28,2	28,2	38,7	39	34,00	72,0
Fibre ligneuse.	15	0,7	3,40	7,6	6,99	34,0	46,3	30,0	40	30,73	1,5
Cendres	5	0,7	1,22	1,5	2,04	18,0	7,5	13,0	4	3,30	1,6
	95	100,1	100,00	100,0	100,00	100,0	101,0	100,5	101,1	98,97	101,7

Fig. 139.
orgho à Balais.

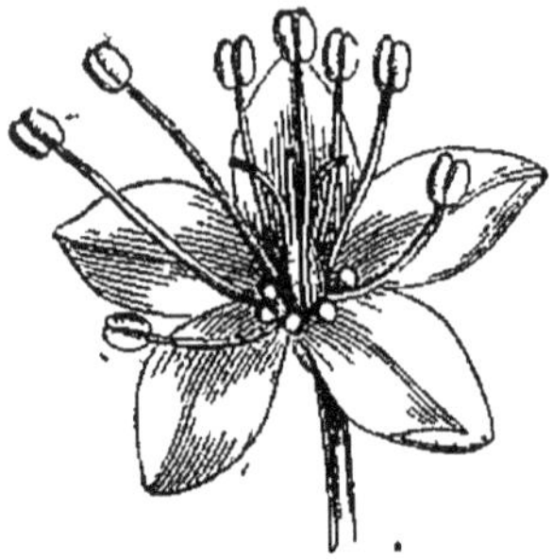

Fig. 140 à 143. — Sarrasin.

Graines des Légumineuses. — Les graines des fèves, des pois et des autres légumes diffèrent des graines de céréales par une plus grande proportion de corps albuminoïdes et une moindre teneur en amidon et en matières grasses. Leur élément azoté

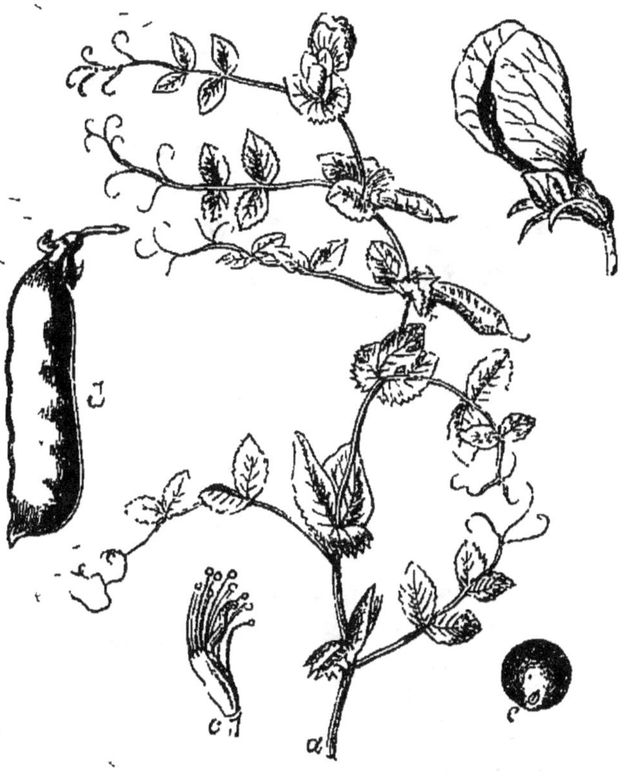

Fig. 144 à 147. — Pois.

est la *légumine* qui ressemble à la caséine du lait, mais est moins soluble et moins assimilable. Un homme a besoin d'organes digestifs puissants pour assimiler les fèves et les pois, spécialement quand ils sont vieux. Ce sont de bons aliments pour les animaux de travail, mais leur excès amène la constipation. Aussi doit-on les mélanger avec l'avoine

Fig. 148. — Gesse.

ou le son. L'engrais qui résulte de la consommation des graines légumineuses est double en faveur de celui que donnent en poids égal les graines de céréales. Les graines de fèves, de pois (fig. 144 à 147), de gesse (fig. 148), de lentilles, de vesces et de haricots (fig. 149) se ressemblent beaucoup pour leur composition.

Les **Graines oléagineuses** sont si chères, qu'elles ne sont que bien rarement données aux bestiaux. Les graines de lin contiennent environ 34 p. 100 d'huile (qui remplace l'amidon) et de 20 à 25 p. 100 de corps albuminoïdes. Elles ont une saveur très-agréable et les bestiaux en sont très-friands. La graine de lin étant laxative, est adjointe très-utilement aux fèves.

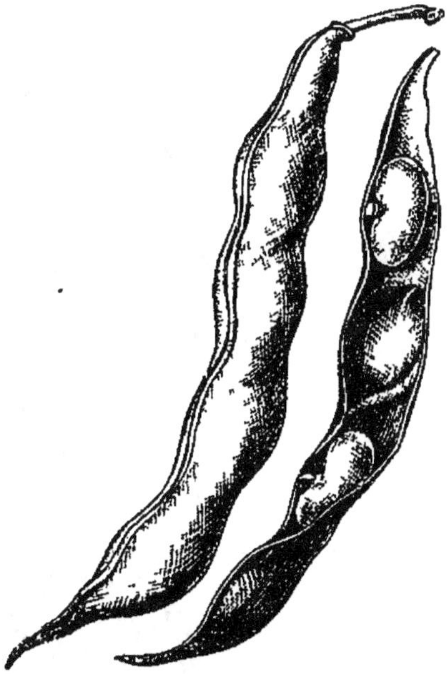

Fig. 149. — Gousses de Haricots.

Un mélange de graines de lin broyées avec de la paille hachée et bouillie est un bon succédané du foin quand celui-ci est rare. La graine de navette n'est pas si agréable au goût que la graine de lin; mais elle est plus riche en huile; les amandes de noix de palme contiennent près de 50 p. 100 d'huile, les graines de pavot (fig. 150) environ 32 p. 100, le cacao 64 p. 100, la graine de coton 20 p. 100. La farine de noix, utilisée en France comme nourriture de bestiaux, renferme 29 p. 100 d'huile et 28,8 p. 100 de matières albuminoïdes. On peut citer aussi le

Fig. 150. — Pavot-Œillette.

ricin (fig. 151) parmi les plantes dont les graines sont très-riches en matière grasse.

Analyses de Graines. — On sait que la méthode servant d'ordinaire à déterminer la proportion de cellulose dans les substances végétales n'est pas très-sûre. Pillitz a récemment perfectionné cette

Fig. 151. — *Ricinus sanguineus.*

méthode, et il en a fait usage dans les analyses suivantes de graines.

Composition centésimale de Graines sèches.

	Froment du prince Albert.	Froment Browick.	Triticum spelta.	Seigle.	Millet.	Orge.	Avoine.	Maïs.	Riz.	Sarrasin.
Cellulose	3,07	4,76	3,38	4,22	4,28	8,88	18,98	4,82	87	2,05
Amidon	73,51	70,17	71,60	65,60	69,20	62,65	53,62	72,27	85,41	77,64
Dextrine	2,28	5,27	2,46	5,78	1,29	1,96	1,46	83	1,27	
Sucre	1,56	1,07	1,23	2,17	52	2,71	37	1,59	trace.	
Matières extractives indéterminées	4,54	81	3,00	3,50	52	1,73	1,66	1,65	12	3,65
Graisses	2,03	1,79	2,72	2,52	4,79	3,08	4,92	5,03	90	2,89
Matières albuminoïdes insolubles	10,89	12,93	10,77	10,60	16,22	14,28	12,13	9,95	10,01	7,40
Matières albuminoïdes solubles	38	96	2,63	3,87	1,36	2,05	2,69	2,16	46	4,67
Cendres insolubles	69	61	60	24	64	1,22	2,73	38	45	61
Cendres solubles	1,05	1,63	1,65	1,50	1,18	1,45	1,44	1,32	51	1,09

Composition de Graines oléagineuses.

	Lin. (d'après Anderson)	Navette. (d'après Anderson)	Navette. (d'ap. Camer.)	Chènevis. (d'ap. Anders.)	Coton. (d'ap. Anders.)
Eau	7,50	7,13	7,12	6,47	5,57
Huile	34,00	36,81	41,33	31,84	31,24
Matières albuminoïdes	24,44	20,50	18,00	22,60	31,86
Carbohydrates	30,73	18,73	23,26	32,72	14,12
Fibre		6,86	5,66		7,30
Cendres	3,33	8,97	4,63	6,37	8,91
	100,00	99,00	100,00	100,00	99,00

Composition de Graines légumineuses.

	Fèves.	Pois.	Lentilles.	Vesce d'hiv.	Vesce.
Eau	13,0	14,5	13,0	15,5	12,93
Matières albuminoïdes	25,5	23,0	24,0	26,5	27,50
Carbohydrates	48,5	48,7	50,5	47,5	47,80
Fibre	10,0	10,0	10,0	9,0	7,17
Cendres	3,0	3,8	2,5	1,5	4,00
	100,0	100,0	100,0	100,0	99,40

La proportion de matières grasses dans les graines légumineuses est seulement de 1 ou 2 p. 100, excepté dans les lupins, où elles représentent environ 5 p. 100.

CHAPITRE XXXVII.

GATEAUX DE GRAINES OLÉAGINEUSES ET AUTRES SUBSTANCES ALIMENTAIRES.

Les graines oléagineuses sont comprimées à la presse hydraulique à une température élevée, et perdent ainsi la plus grande partie de leur huile. Le résidu est vendu sous le nom de *gâteaux*, et sa valeur varie beaucoup suivant la pression et la température qu'il a subies.

Gâteaux de Graines de Lin (fig. 152). — Il y en a de variétés très-diverses, et les meilleures viennent d'Europe ou d'Amérique. Dans l'Inde, le lin est mélangé de navette. La proportion d'huile oscille entre 8,5 et 13 p. 100, et le plus souvent elle est égale à 10 ou 11,5. Les matières albuminoïdes représentent de 25 à 32 centièmes du poids total, les cendres de 5 à 9. Souvent on falsifie cette substance avec du son, des gâteaux de navette, de la paille hachée, etc. Nous y avons rencontré de la farine de cacao, qui avait été ajoutée évidemment pour relever le titre oléimétrique fort abaissé par le mélange de matières falsifiantes non grasses. Ces gâteaux sont très-nourrissants, mais les chevaux ne s'y habituent pas tout de suite.

Gâteaux de Navette. — Pour la composition, ces gâteaux semblent devoir être égaux aux précédents, mais l'expérience montre qu'ils leur sont bien inférieurs. La cause en est sans doute leur saveur âcre, et qui est telle, que parfois les animaux refusent d'en faire usage. Les meilleurs viennent du Danemark et du nord de l'Allemagne (fig. 153 et 154). Pour se servir de ces gâteaux, le mieux est de les faire cuire et de les mélanger avec d'autres aliments de meilleure odeur.

Fig. 152 — Lin.

Gâteaux de Graines de Coton. — On n'est pas d'accord sur la valeur de cet aliment, et certaines personnes vont jusqu'à dire qu'il est dangereux à cause

Fig 153. — Chou-Navette.

des parties non assimilables de coton (fig. 155)

qu'il renferme. D'autres, au contraire, assurent qu'ils ont largement employé cette substance non-seulement sans accident, mais encore avec les meilleurs résultats. Cependant il y a quelques cas de mort de moutons causés sans aucun doute par l'accumulation du coton dans l'estomac. Le mieux est de faire usage des graines décortiquées.

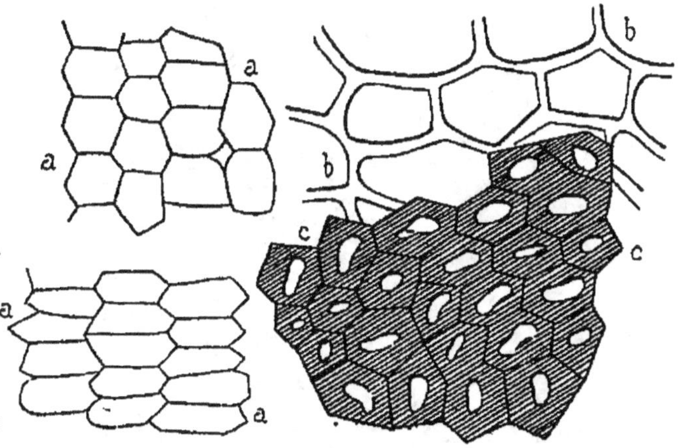

Fig. 154. — Éléments organiques des Tourteaux de Navette

Farine de Noix de Palme. — Cette farine est le résidu de la fabrication de l'huile de palme. Sa saveur est rance et huileuse, mais son odeur n'a rien de désagréable. Elle est très-riche en corps gras, mais on la falsifie beaucoup. C'est une bonne nourriture pour les veaux, pour les vaches à lait et pour les porcs. On peut avantageusement remplacer la graine de lin par un mélange de farine de palme; de graine de coton et de maïs en parties égales.

Fig. 155 et 156. — Cotonnier.

Le Gâteau de Cacao est préparé avec les coquilles et une partie du noyau de l'amande de cacao (fig. 157 à 160). C'est une nourriture excellente pour toutes espèces de bestiaux.

Le Caroubier contient de l'huile, peu de corps albuminoïdes, mais beaucoup de sucre. On ne doit

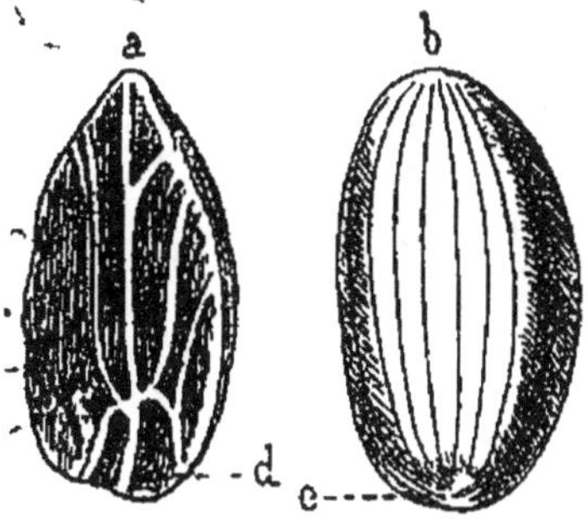

Graine de Cacaoyer.

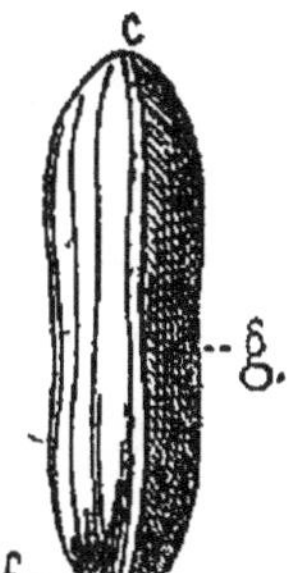

Fig. 157 à 160 — Cacaoyer.

pas le donner aux jeunes animaux, mais il est utile pour parfumer les aliments insipides.

Le Résidu de Distilleries et de Brasseries entre avantageusement dans la ration des vaches.

Composition des Gâteaux de Graines oléagineuses.

	Lin.		Navette.	Palme.	Coton décortiqué	Coton non décortiqué.	Cacao.	Pavot.	Caroubier.
Eau	7 à	10	10	18	1	12	14	12	14
Matières albuminoïdes	22	30	30	16	35	22	20	32	7
Huile	9	13	10	18	14	8	8	6	1
Carbo hydrates	30	36	32	37	24	32	31	38	68
Fibres	8	10	10	16	9	20	20		7
Cendres	5	8	8	5	7	6	7	12	3

CHAPITRE XXXVIII.

RACINES ET TUBERCULES.

Les Navets (fig. 161) contiennent 92 p. 100 d'eau. Tout l'azote de leur portion solide n'est pas sous la forme de matières albuminoïdes, et leur matière sèche considérée dans son ensemble est à un moindre degré d'élaboration que dans les graines. On n'a pas étudié spécialement les corps gras des racines. L'amidon n'existe pas dans les navets, mais on en a trouvé dans les carottes et aussi dans une proportion plus considérable dans les panais. Le sucre, les corps pectosiques, la gomme et la cellulose constituent les corps hydrocarbonés des racines. Le navet de Bade est le meilleur et la variété grise peut-être la plus inférieure.

Les Panais (fig. 162), comme on vient de le dire, contiennent beaucoup d'amidon. C'est la caséine qui forme surtout leurs principes azotés, tandis que c'est l'albumine qui joue le même rôle dans les navets. Leur équivalent nutritif est sensiblement double de celui de ces derniers. On les donne quelquefois aux porcs.

Les Betteraves (fig. 163) sont produits en abon-

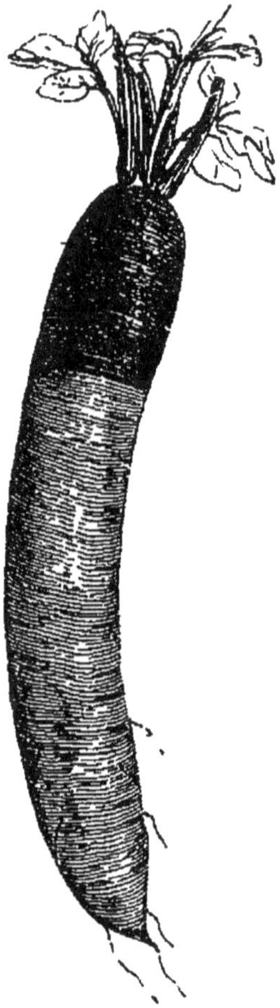

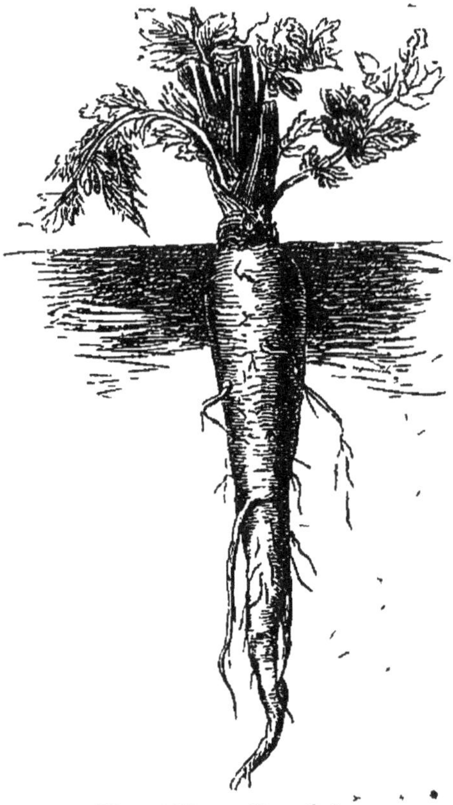

Fig. 161. — Navet long. Fig. 162. — Panais long.

dance dans beaucoup de pays, en vue de la fabrication du sucre. On en fait aussi un excellent aliment pour les bestiaux. La proportion de matière sèche y est double de celle des navets, et ordinairement les navets consommés aussi contiennent de 7 à 13 p. 100 de sucre.

Les Carottes (fig. 164) offrent de la ressemblance

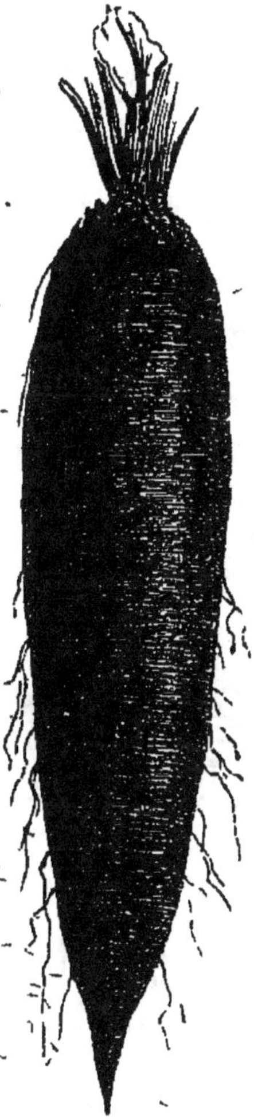

Fig. 163.—Betterave rouge grosse

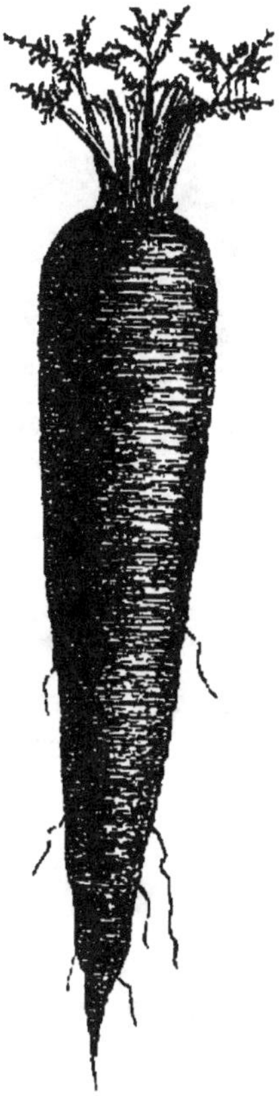

Fig. 164.—Carotte longue pointue.

avec les panais; mais elles sont beaucoup plus riches en sucre et plus pauvres en amidon. Les matières azotées leur manquent et par conséquent elles ne sont pas favorables aux jeunes animaux; cependant toutes les espèces de bestiaux en sont très-friandes.

Les Radis (fig. 165) renferment 95 p. 100 d'eau et ne sont par conséquent qu'une très-pauvre nour-

Fig 165. — Radis noir.

riture. Mais comme ils poussent dans le court espace d'un mois, il y a quelquefois avantage à en faire l'objet d'une culture *dérobée*.

Les Pommes de terre (fig. 166 à 170) produisent les meilleurs tubercules employés comme aliment pour l'homme et pour les animaux. Leur composition est très-supérieure à celle de toutes les racines précédentes. On y trouve 25 p. 100 de matière sèche

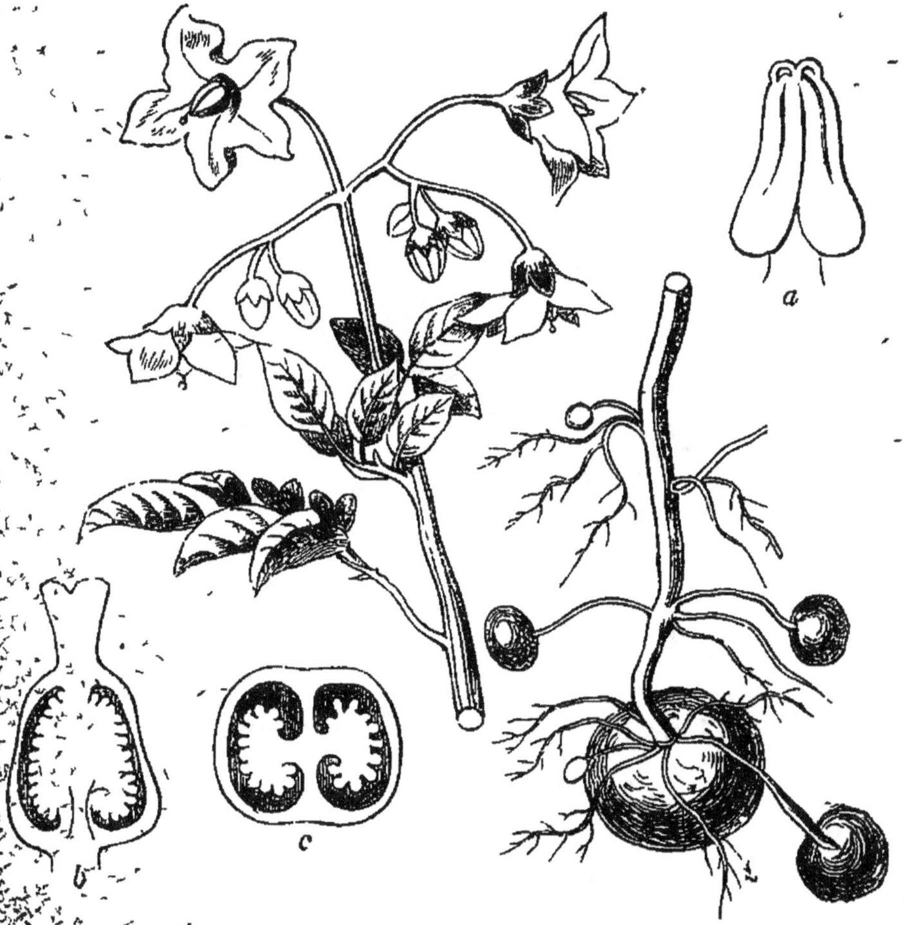

Fig. 166 à 170. — Pomme de terre.

et qui consiste en 2 de corps albuminoïdes, 12 d'amidon et le reste en cellulose, matières minérales, etc. Elles renferment une petite quantité de corps gras, très-peu de sucre. La raison qui fait de la pomme de terre un aliment imparfait est la faible proportion de matières grasses (0,73 p. 100, dont la moitié environ existe dans la pelure), et de matières albuminoïdes. Les espèces grossières de pommes de terre sont souvent données aux chevaux.

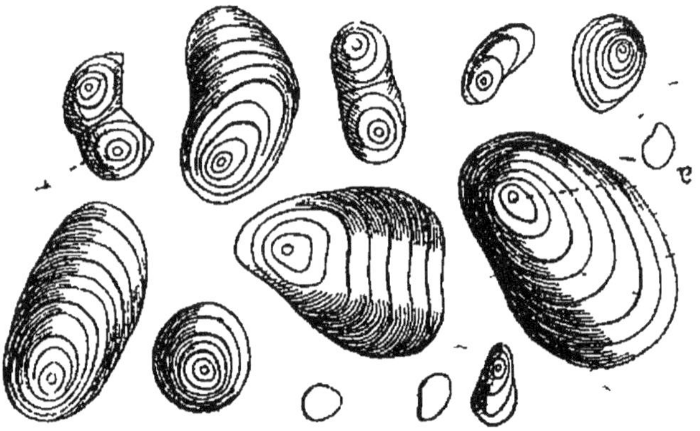

Fig. 171 à 180. — Fécule de Pomme de terre.

Le Topinambour ressemble beaucoup aux pommes de terre, ses tubercules étant seuls utilisés. La plante peut croître sur toutes espèces de sols, sauf sur ceux qui sont très-humides, et donne un bon produit. Le tubercule contient un peu plus de matières sèches que la pomme de terre, mais il renferme moins d'amidon, cette substance étant remplacée par du sucre. Il plaît beaucoup à la plupart des animaux de ferme.

Composition des Racines et des Tubercules.

	Navets blancs.	Bette-rave.	Carott c.	Panais.	Pomme de terre	Topi-nambour.
Eau.	92,00	83,50	87,50	85,00	75,55	80,0
Corps albuminoïdes .	1,08	1,30	1,20	1,36	2,06	2,0
Graisse	0,15	0,12	0,20	0,34	0,75	0,3
Sucre	3,00	10,50	6,90	3,00	0,56	15,6
Carbo-hydrates. . . .	2,21	2,30	2,07	7,90	17,98	
Cellulose insoluble . .	0.96	1,24	1,10	1,40	2,12	1,3
Cendres.	0,60	1,04	1,03	1,00	0,98	1,1
	100,00	100,00	100,00	100,00	100,00	100,3

CHAPITRE XXXIX.

LAIT, BEURRE ET FROMAGE.

Lait. — Le lait est un liquide opaque, blanc, tirant sur le jaune, à peu près inodore lorsqu'il est froid, d'une saveur douce, très-légèrement sucrée; sa densité, toujours supérieure à celle de l'eau, varie selon les animaux qui le fournissent, ainsi que selon une foule d'autres causes. Bresson, dans son traité de la pesanteur spécifique des corps, donne pour différents laits les densités suivantes : lait de brebis 1040,9; d'ânesse 1035,5; de jument 1034,6; de chèvre 1034,1, de vache 1032,4. Le lait, au moment de la traite, présente constamment une réaction légèrement alcaline, mais bientôt il devient neutre et même légèrement acide. Examiné au microscope, le lait apparaît comme constitué par un véhicule liquide, tenant en suspension des parties solides ou globules du lait. La partie liquide contient l'eau, les sels, le caséum à l'état de dissolution et le sucre de lait (fig. 181).

Les globules du lait (fig. 182) sont des vésicules de volume très-variable. Les uns ont les dimensions des globules du sang ($0^{mm},005$) ; les autres ont un volume deux, trois ou quatre fois plus considérable. C'est dans l'intérieur des globules qu'est contenue la matière grasse du lait, c'est-à-dire le beurre.

Fig. 181. — Laiterie flamande.

L'enveloppe des globules est de nature caséeuse ou albumineuse.

Abandonné à lui-même, le lait se sépare en trois parties principales. L'une vient à la surface former la crème ; l'autre, d'abord en dissolution dans le lait, se concrète et forme le *caséum* (fromage). La troisième portion du lait, ou *sérum* (petit-lait), est un liquide jaunâtre, limpide ou légèrement opalin, constitué par de l'eau tenant en dissolution des matières salines, et une substance particulière nommée *sucre de lait.*

Lait de Vache. — L'alimentation est la principale cause qui influe sur la quantité et la qualité du lait; d'une manière générale, les vaches nourries dans les pâturages donnent de meilleur lait que celles

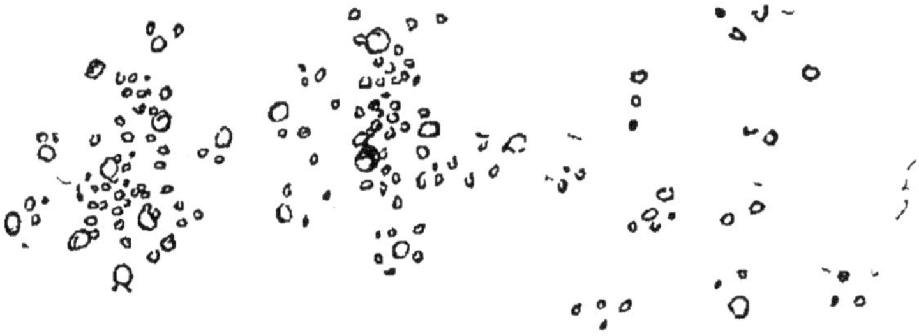

Fig. 182. — Globules formant la Matière grasse du Lait.

qui sont nourries à l'étable (fig. 183). Les aliments sucrés, tels que carottes, betteraves, etc., donnent un lait sucré qui se conserve mal ; certaines plantes, comme l'absinthe, rendent le lait amer; d'autres, comme la *gratiole*, lui donnent des propriétés purgatives; les tourteaux de lin et de colza lui donnent une saveur désagréable.

Il faut réunir dans le régime les fourrages secs et verts; on doit surtout faire boire les animaux autant que possible toujours à la même heure et à une époque peu rapprochée de la traite.

Fig. 183. — Intérieur d'une vacherie dans le Morbihan

On désigne sous le nom de *colostrum* le lait sécrété quelques jours avant et après la parturition; il doit être rejeté de l'alimentation; en effet, le colostrum s'éloigne singulièrement du lait par sa composition; il renferme toujours des proportions notables d'albumine, souvent aussi il contient du sang; examiné au microscope, on y remarque des globules spéciaux, muqueux, composés d'une agrégation de globules muqueux et de globules graisseux. Le colostrum se putréfie rapidement; traité par l'ammoniaque, il devient filant. Ce n'est qu'un mois après la parturition que le lait a toutes ses qualités.

Le lait pris à la fin de la traite est plus riche que celui qui a été recueilli au commencement.

Les races qui en France fournissent les meilleures laitières sont la race flamande, la race boulonnaise ou bournaissienne, la race picarde, la race bordelaise, la race bretonne, la race normande (fig. 185) qui renferme la *cotentine* et celle du pays d'Auge, la race de Salers (fig. 186), etc. Parmi les races étrangères on cite la hollandaise, les races d'Alderney et d'Ayr, celle de Kerry (Irlande), etc., etc.

Toute fatigue, tout travail excessif influe sur la production du lait et peut même le tarir.

La plante qui fait la base des bons pâturages est l'ivraie vivace mêlée du trèfle des montagnes. L'addition d'une petite quantité de sel dans les aliments est utile aux vaches ; elles peuvent ainsi manger même avec avidité des fourrages de médiocre qua-

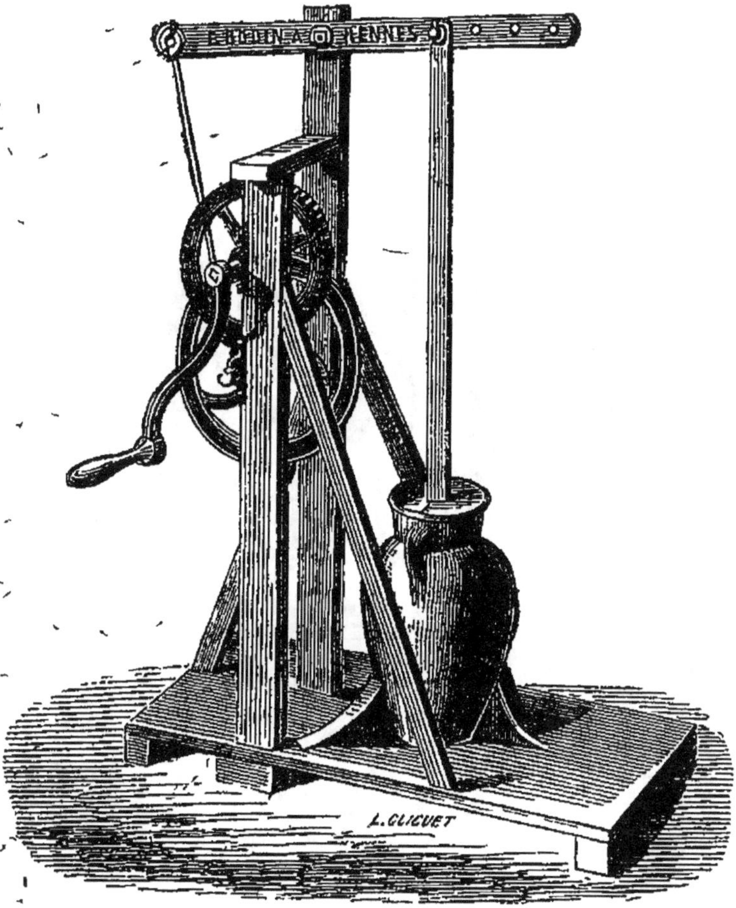

Fig. 184. — Baratteuse de M. Bodin, à Rennes

lité, qu'elles refuseraient si on les leur donnait seuls.

La traite doit être faite régulièrement matin et soir.

Fig. 185. — Vache laitière de la Race normande.

Fig. 186. — Vache laitière et son Veau (Race de Saler's.)

Avant d'arriver au consommateur, le lait passe par des intermédiaires, les *ramasseurs*, qui ramassent le lait dans les fermes; les marchands en gros, qui l'expédient à Paris à d'autres marchands en gros; les laitiers et les crémiers, qui le remettent au consommateur plus ou moins falsifié.

Beurre. — Le beurre est la matière grasse du lait. M. Chevreul a trouvé dans le beurre, outre l'*oléine* et la *stéarine*, la *butyrine*, la *caprine*, la *caproine* et la *capriline*, ces dernières dans le beurre provenant du lait de brebis et de chèvre.

La fabrication du beurre se fait au moyen de la baratte (fig. 184). Le beurre de la traite du matin est le plus estimé; il en est de même de celui préparé en mai, août et septembre; celui d'hiver est moins bon et se garde plus facilement. Les beurres de qualité supérieure désignés sous le nom de *beurres d'Isigny* sont fabriqués dans les cantons de Bayeux, Trovières, Isigny, Ryes et Ballersi.

Les beurres en livre, en pains allongés et ronds, et les *petits beurres* en mottes de formes diverses, viennent de différents pays; les environs de Paris en fournissent de grandes quantités; les beurres salés viennent de Bretagne; parmi ceux-ci, il faut citer celui de la Prévalois, que l'on expédie en petits pots de 500 grammes. Le beurre rancit facilement. La fonte à une douce chaleur, les lavages à l'eau ou à l'eau faiblement alcalinisée par le carbonate de soude, le modifient alors avantageusement.

Fig 187. — Fromagerie; Hâloir ou Séchoir de Fromage de Camembert.

Fromage. — On désigne sous le nom de *fromage* la partie caséeuse du lait mêlée à la partie butyreuse, réduite à l'état de *coagulum,* tantôt spontanément, tantôt par ébullition, tantôt à froid au moyen de la présure ou des fleurs de chardonette.

La caséine est la matière azotée du lait; c'est, avec l'albumine et la fibrine, l'aliment plastique par excellence. Les fromages peuvent être divisés en frais et en salés. Les premiers, qui sont les moins importants, sont surtout représentés par le *fromage blanc,* le *fromage à la crème,* le *Neufchâtel,* les crèmes de *Blois* et de *Fontainebleau.* Parmi les fromages mous et salés que l'on fabrique en France vient en première ligne le fromage de Brie.

Les plus renommés de ceux qui sont fabriqués en France sont le *Gruyère,* le *Roquefort,* le *Camembert,* le *Montdore,* le *Pont-l'Évêque.* Parmi les fromages étrangers, il y a surtout le Hollande *pâte grasse* et le Hollande *croûte rouge,* le Parmesan, le Chester et le Gruyère des environs de Fribourg.

La préparation du fromage (fig. 187) se compose des opérations suivantes : 1° coagulation de lait pur ou mélangé de crème; 2° division du caillé; 3° égouttage et pressage; 4° salaison; 5° fermentation ou maturation du fromage.

CHAPITRE XL.

NUTRITION ANIMALE.

Matière et Force. — On sait depuis longtemps qu'il est au-dessus du pouvoir de l'homme d'annihiler la plus petite particule de matière. Il peut en modifier la forme, unir différentes substances dans de nouvelles combinaisons, et résoudre les composés dans leurs éléments, mais il ne peut pas faire que de la matière n'existe plus.

C'est seulement dans les temps modernes qu'il a été prouvé expérimentalement que la force aussi est indestructible. La force, comme la matière sur laquelle elle agit, peut être amenée à changer de forme, mais elle ne peut jamais cesser d'exister ni même diminuer en quantité. Qu'est-ce que la force? La chaleur est une force et de même la lumière; c'est la force qui fait que la matière change de place, qui produit les combinaisons chimiques et les décompositions, qui tient notre corps chaud, soutient nos mouvements, et nous rend capables de voir. La gravitation, le magnétisme et l'électricité sont de la force, et de même que la matière change continuellement de forme, de même la force se modifie à chaque instant. La lumière se transforme en chaleur, et la force chimique devient le pouvoir moteur des animaux.

Fonctions des Végétaux. — Les plantes possèdent la propriété d'extraire de l'air et du sol certains principes minéraux et de les elaborer de façon à en faire des substances organisées, comme l'amidon, l'albumine, etc. Le soleil est la source d'où les plantes tirent la force nécessaire à leur croissance, et comme elles n'émettent pas et ne demandent pas une plus haute température que celle de l'air qui les entoure, elles ne dépensent pas plus de pouvoir moteur qu'elles n'en ont reçu des rayons solaires. La force qui fait que l'acide carbonique, l'eau et l'ammoniaque deviennent du sucre, de la cellulose, de l'huile, de l'albumine, etc., n'est pas détruite, elle est emmagasinée dans la plante qui a crû sous son influence et s'est transformée de petit gland en chêne gigantesque. Quand la matière constituant la plante se désorganise, la force qui a présidé à son organisation apparaît sous une ou plusieurs formes. Si la plante est un chêne, elle peut être brûlée, et la force emmagasinée en elle redevient libre à l'état de lumière et de chaleur qui peut être directement utilisée pour divers besoins, ou convertie en pouvoir mécanique par le moyen de la machine à vapeur.

Fonctions des Animaux. — Il est nécessaire que les animaux puissent se mouvoir pour rechercher leur nourriture, et tous ont besoin que leur corps soit maintenu à une température supérieure à celle de l'air environnant. Si un végétal, au lieu d'être directement brûlé dans un fourneau, est désorganisé dans le corps d'un animal, la force qui y est emmagasinée devient libre également, et prend la forme de chaleur animale et de pouvoir moteur animal. Les fonctions des plantes et des animaux sont donc opposées; les premiers organisent constamment de la matière et accumulent de la force; les autres sans cesse désorganisent et dépensent.

Comment l'Action vitale est soutenue. — L'acide carbonique, l'eau et l'ammoniaque sont, comme nous l'avons vu, décomposés par les plantes. Une portion de l'oxygène contenue dans les deux premiers est dégagée, et le reste, avec le carbone, l'hydrogène et l'azote, est retenu et converti en substance organique. Dans l'animal, ces substances sont recombinées à l'oxygène, et converties en substances minérales et en urée, qui est presque un minéral. La force dépensée à produire les substances organiques est mise en liberté sous la forme de chaleur et d'énergie.

Chaleur animale. — Comme la chaleur du corps est sensiblement uniforme, la décomposition de la matière organique qui la produit doit être égale dans tout le système; le sang de l'homme possède une température d'environ 37 degrés, celui des oiseaux de 40; quant à celui des reptiles, sa température variable est à peine plus élevée que celle du milieu où ils sont plongés. Le corps des animaux, comme toutes les autres masses de matière chauffée, perd sa chaleur par radiation et par conductibilité. Pour prévenir la perte de chaleur, la nature a revêtu le corps des animaux de poils, d'écailles, de plumes ou d'autres substances, légères ou poreuses, que la chaleur traverse difficilement. C'est un corps presque absolument non conducteur, le *duvet,* qui recouvre le canard eider, et le rend capable de résister au froid extrême de l'eau des mers glacées et de l'atmosphère encore plus froide du cercle arctique. La chaleur étant entretenue par la consommation de la nourriture, un abri et de la chaleur peuvent dans certaines limites être substitués à la nourriture elle-même.

Force animale. — Certains physiologistes pensent

que le muscle est une machine dans laquelle la chaleur dérivée de l'oxydation du sang ou des autres matières organiques est convertie en force. Pour d'autres, la force animale résulte de l'oxydation des muscles eux-mêmes. Il est probable que le sang et les muscles contribuent tous deux par leur oxydation à produire la châleur et la force mécanique. Il est à remarquer que pendant un exercice violent, l'excrétion de l'azote n'est pas augmentée; mais peu de temps après que cette dépense de force a cessé, l'économie élimine une très-grande quantité d'azote sous forme d'urée.

Il est certain que les animaux employés aux travaux durs exigent un large supplément d'aliments azotés, et l'on peut croire qu'ils tirent la plus grande partie de leur énergie musculaire de la décomposition de leurs muscles eux-mêmes.

Assimilation de la Nourriture. — La nourriture d'un animal, qu'il soit herbivore ou carnivore, contient invariablement des corps albuminoïdes, des substances grasses et des décomposés salins. Dans le cas d'un animal herbivore, la nourriture est pauvre en graisse, mais la compensation se fait par l'abondance des carbo-hydrates. La consommation des corps gras dans l'estomac des animaux carnivores contribue puissamment à élever leur température et à les rendre capables de se mouvoir, et il est probable que les carbo-hydrates agissent d'une manière similaire dans l'estomac des herbivores. A peu d'exceptions près, les animaux carnassiers refusent de manger des carbo-hydrates.

Assimilation des Corps gras. — D'après Voit, Pettenkoffer et Bischoff, la graisse des animaux, même des herbivores, est dérivée des éléments albumineux de leur nourriture. D'après les expériences faites sur des chiens, ils concluent que les carbo-hydrates ne sont pas convertis en graisse; ils assurent que la graisse est un des premiers produits de la décomposition de l'albumine. Pendant qu'un excès d'amidon s'exhale du corps sous la forme d'eau et d'acide carbonique, un excès de graisse est déposé dans les tissus; il n'y a pas de relation entre la quantité de carbo-hydrates consommée et celle de graisse produite, mais il y en a une entre la quantité d'albumine consommée et la quantité de graisse emmagasinée. Voit et Pettenkoffer trouvent que 175 parties d'amidon produisent autant de chaleur et de pouvoir moteur animal que 100 parties de graisse. Stopmann et Kühn sont du même avis. Blondeau, Hoppe et Kennerich assurent que dans l'économie animale la caséine produit la graisse. Bauer signale le fait que des animaux empoisonnés avec le phosphore produisent rapidement de la graisse au moyen de leur nourriture ordinaire. Suivant Subotin, le lait des chiennes est plus riche en graisse quand ces animaux sont abondamment approvisionnés de viande.

Weiske et Wildt concluent des résultats de leurs expériences sur les porcs que ces animaux s'enrichissent à la fois en corps protéiques et en graisse par l'usage des albumineux. Comme argument en faveur de cette opinion que les corps albuminoïdes produisent la graisse, nous rappellerons la dégénérescence graisseuse des muscles et la transformation de la chair musculaire en adipocire, qui est un corps gras. Suivant Payen, Dietrich et König, l'addition de graisse à la cellulose en augmente la digestibilité.

Il y a déjà de longues années, J. Liebig affirma que la graisse des herbivores est principalement dérivée des carbo-hydrates, quoiqu'il admît qu'une petite portion dérivait des corps albuminoïdes. Liebig, s'appuyant surtout sur les expériences faites sur les vaches par Knop, Strendt et Bleer, assura que les carbo-hydrates constituaient la source principale de la graisse des herbivores. Dumas, Boussingault, Persoz, Lehmann, Grouven et Milne-Edwards arrivèrent à la même conclusion au moyen d'expériences sur des animaux variés. Lawes et Gilbert, comme résultat de très-nombreuses expériences sur les animaux herbivores, arrivèrent à cette conclusion que la graisse de ces animaux est surtout dérivée des carbo-hydrates, mais qu'elle peut aussi être formée en partie aux dépens des corps albumineux, spécialement quand ils sont en excès par rapport aux carbo-hydrates. D'après eux, deux parties et demie de carbo-hydrates ont le même pouvoir nutritif qu'une partie de graisse.

Assimilation des Corps albuminoïdes. — Dans une ration bien réglée, les aliments azotés et non azotés sont exactement proportionnés aux besoins du corps, mais il arrive fréquemment que l'une ou l'autre classe d'aliments est consommée en excès.

Usage de l'Eau. — La plus grande partie du poids d'un animal est due à l'eau qu'il renferme. Ce liquide doit être donné à l'état de pureté aux animaux domestiques. Suivant Henneberg, un excès d'eau cause une excrétion croissante d'azote par les reins.

Aliments salins. — Tous les animaux demandent une certaine quantité de sel commun, de phosphate terreux, de composés potassiques et d'autres substances minérales. La nourriture ordinaire de toutes les espèces d'animaux contient la proportion de matières inorganiques nécessaire à leur existence.

Dans le cas des herbivores et de l'homme, le sel commun, qui leur est absolument indispensable, n'est pas toujours présent en quantités suffisantes dans leur nourriture ordinaire. Une petite quantité de sel est souvent ajoutée à la nourriture des animaux à l'engrais, et spécialement des cochons. Liebig constate qu'un excès de sel retarde l'engraissement des animaux. D'après Forster, la quantité de matières salines consommée avec la nourriture est plus grande que celle qui est nécessaire pour l'équilibre de l'économie animale. Le manque d'une proportion suffisante de sel dans la nourriture a cependant souvent été la cause de grands dommages pour les animaux. Un déficit de matière minérale dans la nourriture détermine l'épuisement musculaire.

Composition des Animaux. — Les os des animaux consistent en phosphate et carbonate terreux, sel commun en très-petite quantité et matière organique en grande proportion. Une fois secs, ils consistent pour un tiers en matière organique, dont la plus grande partie est de l'osséine, c'est-à-dire une substance qui par l'ébullition devient de la gélatine. Le poids des os d'un homme (squelette) est au poids total du corps comme 10,5 est à 100; la proportion est de 8,5 à 100 chez la femme. Les os donnent de

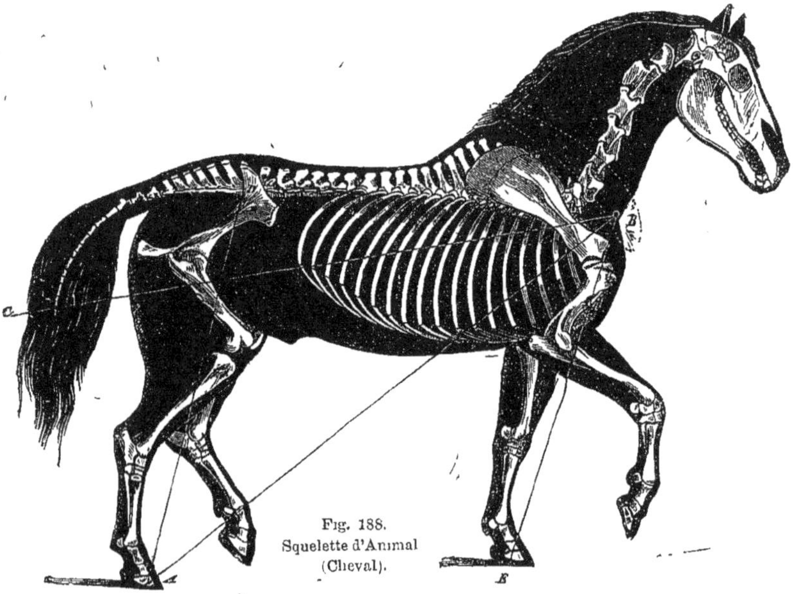

Fig. 188.
Squelette d'Animal
(Cheval).

la force aux parties molles du corps et en protègent les parties vitales, comme par exemple les poumons, le cerveau, et avec les muscles forment les leviers par lesquels la locomotion et les autres mouvements sont effectués (fig. 188).

La chair (fig. 189) doit sa couleur rouge à la présence du sang ; un lavage prolongé à l'eau enlève le sang et les matières albuminoïdes solubles, et il reste une substance presque blanche, composée de fibrine et de graisse. Si une chair très-maigre est maintenue pendant plusieurs heures à la température de 100 degrés, elle perd à peu près les trois quarts de son poids; la perte est due à l'évaporation de l'eau. La petite proportion de chair qui se dissout dans l'eau consiste dans les sels du sang (principalement les phosphates magnésique, calcique et potassique, et le sel commun), l'albumine, des substances particulières, cristallisables et azotées appelées *créatine*

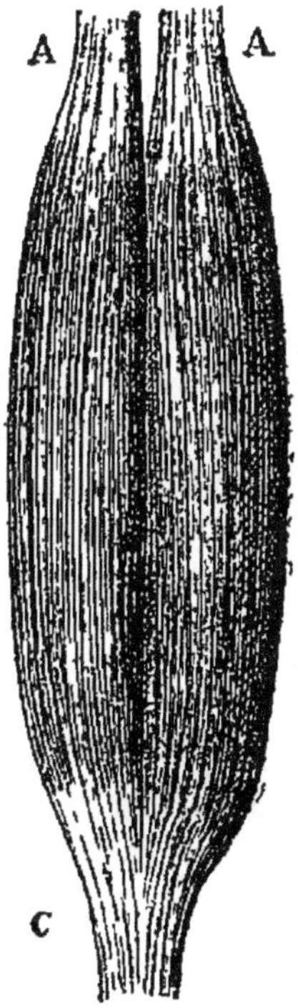

Fig 189. — Muscle.

et *créatinine*, l'inosine ou sucre musculaire et quelques autres substances. La graisse s'accumule dans certaines parties du corps, mais elle est aussi diffusée et souvent en grande quantité à travers le tissu musculaire. Lawes et Gilbert ont analysé la carcasse des animaux employés comme aliments, et ils ont trouvé que même dans les plus maigres d'entre

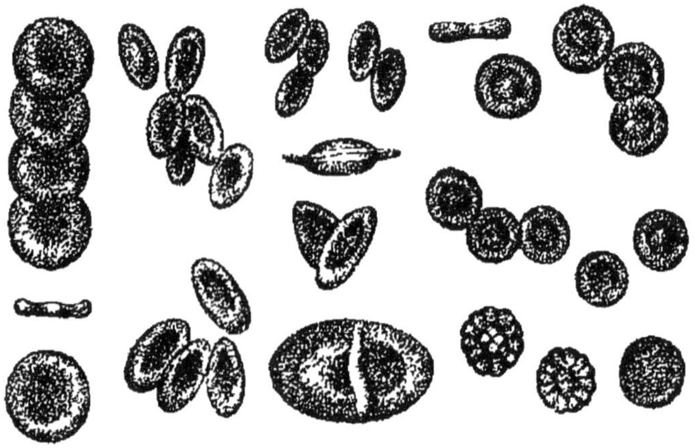

Fig. 190. — Globules sanguins.

eux la graisse est plus abondante que la matière azotée. En fait, la viande de boucherie est réellement une substance plus carbonée qu'azotée, et elle est souvent moins azotée que la nourriture composée des éléments du pain. Dans le tableau suivant on trouvera l'analyse de la portion comestible de dix animaux examinés par Lawes et Gilbert. La bête entière était plus riche en azote, principalement au voisinage de la peau et des ongles.

Composition de la Portion comestible de Bœufs, Moutons et Porcs.

Désignation des animaux.	Matières minérales.	Composés azotés secs.	Graisse	Substances sèches.	Eau.
Veau gras.	4,48	16,6	16,6	37,7	62,3
Bœuf demi gras . .	5,56	17,8	22,6	46,0	54,0
Bœuf gras	4,56	15,0	34,8	54,4	45,6
Agneau gras . . .	3,63	10,9	36,9	51,4	48,6
Mouton ordinaire .	4,36	14,5	23,8	42,7	57,3
Mouton vieux demi-gras	4,13	14,9	3,3	50,3	49,7
Mouton gras. . . .	3,15	11,5	45,4	60,3	39,7
Mouton très-gras. .	2,77	9,1	55,1	67,0	33,6
Porc ordinaire. . .	2,57	14,0	28,1	44,7	55,3
Cochon gras. . . .	1,40	10,5	49,5	61,4	38,6
Moyenne	3,69	13,5	34,4	51,6	48,4

Le sang est une substance très-complexe. Examiné à l'aide d'un microscope puissant, il se présente comme un liquide incolore, contenant un nombre immense de petits disques rouges et plats (fig. 190). Peu de temps après que le sang a été extrait du corps, la petite quantité de fibrine qu'il renferme solidifie ou empâte les petits disques rouges qui abandonnent un liquide très-pâle. Il y a dans 1000 parties de sang environ 780 parties d'eau et 220 parties de matières solides, dont plus de la moitié consiste en globules, plus d'un quart en albumine, et environ un septième en sels et autres corps extractibles. Dans le sang des carnivores les

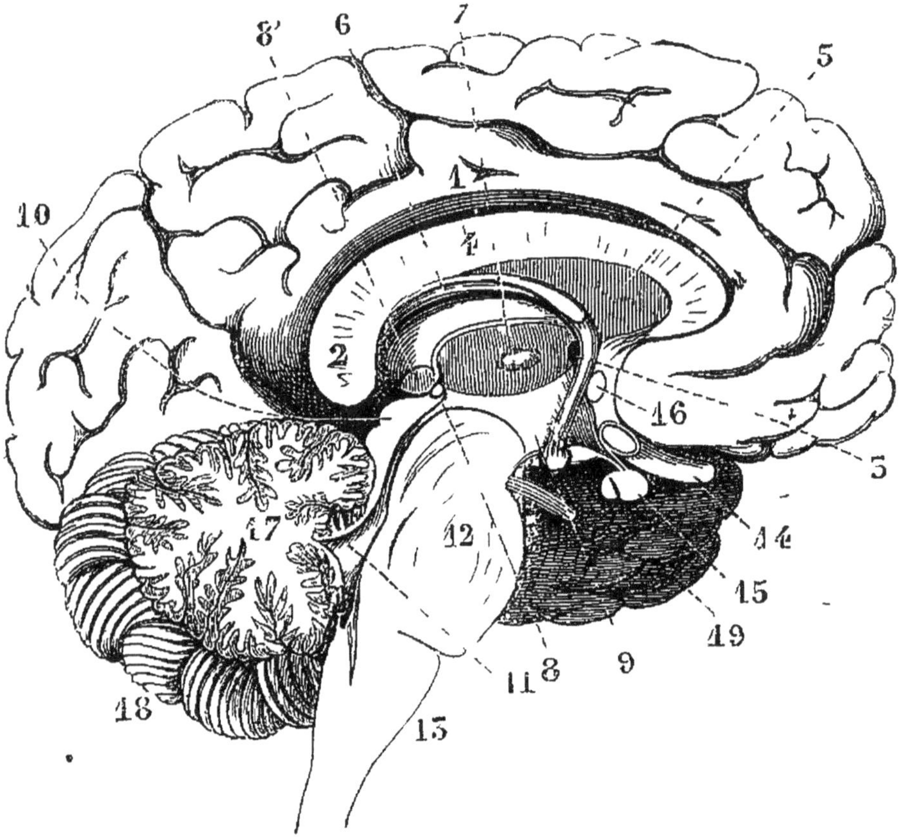

Fig. 191. — Cerveau

phosphates abondent; ils sont remplacés par les carbonates dans le sang des herbivores. Chez tous le sel commun existe en même quantité.

Le cerveau (fig. 191) contient environ 80 p. 100

d'eau, 7 d'albumine, 5 de substances spéciales appelées *lécithine* et *cérébrine*, et des matières grasses diverses. Dans le cerveau, le phosphore est assez abondant et semble exister à un degré très-inférieur d'oxydation.

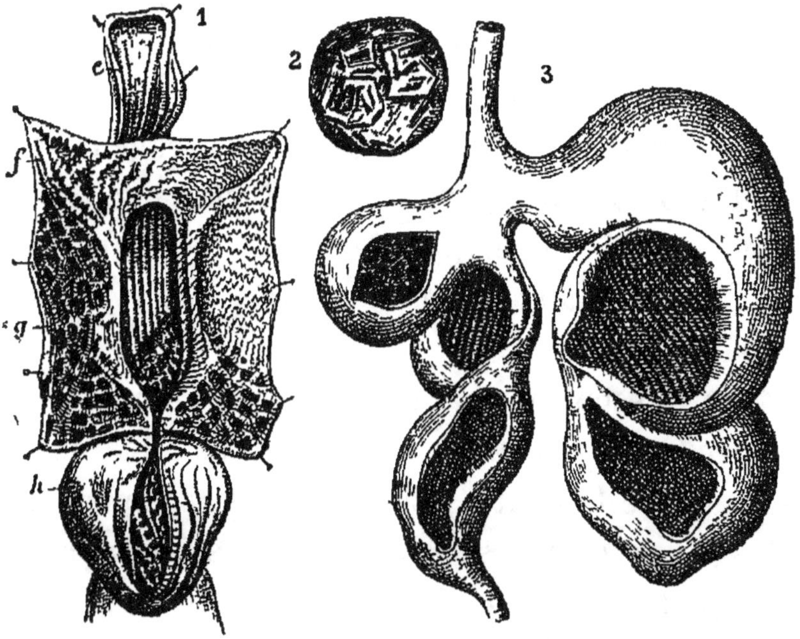

Fig. 192 et 193. — Appareil digestif d'un Herbivore.

Digestion (fig. 192 et 193). — Les animaux herbivores sont munis de dents puissantes, construites en vue d'écraser et de broyer, sous forme de pulpe, la nourriture fibreuse et dure dont ils se nourrissent principalement. La structure de leur mâchoire est telle que, au lieu de s'ouvrir et de se fermer à la manière d'une paire de ciseaux (ainsi que font les mâchoires des carnivores), elles se meuvent latéralement aussi bien que de haut en bas. Ces mouvements permettent aux dents de travailler comme des meules, qu'elles sont en réalité. La salive des herbivores est très-abondante, afin que la nourriture sèche dont ces animaux usent souvent soit bien humectée. Elle renferme une substance azotée spéciale, appelée *ptyaline*, qui a la propriété de convertir l'amidon en une variété de sucre, et par conséquent de le rendre plus apte à être digéré. Dans la salive des animaux qui se nourrissent de chair, et qui par conséquent ne mangent pas d'amidon, il n'y a pas de ptyaline.

Dans l'estomac, la nourriture est soumise à un mouvement particulier qui rappelle celui du lait quand il est baratté. Elle est ainsi complètement désagrégée et elle se mêle en même temps avec le *suc gastrique*, mucilage acide qui est versé abondamment dans l'estomac dès que la nourriture y est introduite. La *pepsine* est un principe azoté particulier au suc gastrique. C'est un ferment, et sous son influence les aliments entrent bientôt en une sorte de fermentation, deviennent presque liquides et constituent alors le *chyme*. De l'estomac le chyme passe dans le *duodénum*, intestin long d'un pied chez l'homme et de deux chez le cheval, animal chez lequel il est suivi de 90 pieds d'intestins. La bile et un autre liquide contenant un principe azoté, la *pancréatine*, arrivent en même temps dans le duodénum, la première venant du *foie* et le second du *pancréas*. Les substances albumineuses sont digérées dans l'estomac, mais les corps gras du chyme ne sont affectés que par les liquides du duodénum. Ils sont convertis en savons par l'action des fluides intestinaux, et ces savons sont ensuite décomposés au cours de la circulation du sang, leur matière grasse s'y déposant et étant assimilée. Les liquides du duodénum agissent aussi sur l'amidon et le convertissent en sucre. Les aliments sont devenus alors tout à fait homogènes et liquides, et portent le nom de *chyle*. Une portion de la nourriture broyée est absorbée par l'estomac lui-même et versée dans le sang, mais une grande partie est puisée dans les intestins, principalement dans le duodénum, par de très-petits tubes capillaires, appelés *villosités*, et par les glandes mésentériques. La portion des aliments qui n'a pas été convertie en chyle continue son trajet dans les intestins et est rejetée au dehors. Les portions qui sont digérées et assimilées sont ensuite désorganisées et converties surtout en eau, en acide carbonique et en urée.

Beaucoup des impuretés du sang sont extraites par le foie, à travers lequel la grande rivière de la vie envoie une large dérivation. L'acide carbonique et l'eau formés dans le corps sont en partie éliminés par la peau et en partie au moyen des poumons; l'urée est éliminée du sang par les reins; le sang qui coule dans les veines vers les poumons est de couleur foncée et renferme de l'acide carbonique. Dans les poumons tout acide carbonique est remplacé par l'oxygène. Le sang acquiert alors une brillante couleur rouge, et s'écoule des poumons dans des vaisseaux appelés *artères*. Ces mouvements du sang sont produits presque entièrement par les contractions du cœur, qui est un puissant muscle creux, et au travers duquel le sang passe sans cesse en grande quantité. Certains animaux, tels que le bœuf, ont quatre estomacs; la panse ou premier estomac est de beaucoup le plus grand; à sa suite vient le bonnet. Dans celui-ci la nourriture est déposée après une mastication incomplète, et elle en ressort pour revenir jusque dans la bouche quand l'animal *rumine*. Le troisième estomac (feuillet) est en connexion avec le bonnet et communique d'un côté avec l'œsophage, et de l'autre avec le quatrième estomac ou caillette. La nourriture ayant été une seconde fois soumise à la mastication, repasse directement dans le feuillet. Très-voluminense au moment de sa déglutition, elle agit sur l'œsophage par simple compression, le dilate et s'ouvre ainsi une route dans la panse.

CHAPITRE XLI.

ALIMENTS ET RATIONS.

Classification des Aliments. — Liebig divise les aliments en deux grands groupes, les *plastiques*, qui forment la chair, et les *respiratoires*, qui produisent la chaleur. Les aliments plastiques comprennent l'albumine et les autres substances protéiques. Ces principes peuvent renouveler la matière des animaux sans subir de transformation chimique et par un simple travail de substitution. Ils contiennent de l'azote. Les aliments respiratoires, qui fournissent spécialement les aliments brûlés dans la respiration, ne contiennent pas d'azote; ce sont surtout les fécules, les sucres et les corps gras. On peut encore classer les aliments comme il suit : 1° protéiques ou albuminoïdes (gluten, caséine); 2° substances gélatineuses (os, cartilages); 3° graisses; 4° substances minérales; et dans le cas d'alimentation végétale, 5° les carbo-hydrates.

Rations. — On appelle *ration* le poids des aliments qui sont donnés chaque jour à un animal. Il y a les rations d'entretien; les rations de travail, destinées aux bœufs et aux chevaux de trait; les rations de produit aux mères portant des petits, aux vaches laitières et aux poules pondeuses; les rations d'engraissement; les rations d'élevage aux jeunes animaux.

Pour déterminer les rations d'entretien, on peut, comme M. Boussingault, déterminer par l'analyse le poids d'azote et le poids de carbone perdus par les déjections et par les exhalaisons pulmonaire et cutanée, puis calculer la quantité de foin qui contient ce poids d'azote et ce poids de carbone; ou bien, ce qui est plus pratique, chercher par tâtonnement ce qu'il faut donner à un animal pour l'entretenir en bon état.

Matières ingérées et rejetées. — Pettenkofer nourrit un chien pesant 72 livres avec 1500 grammes par jour; l'animal consommait dans le même temps 477gr,2 d'oxygène tiré de l'air; la quantité totale de matières ingérées était donc de 1977gr,2. Les matières rejetées pesaient 2011gr,7, sur lesquelles l'urine représentait 1075 grammes, les déjections solides 40gr,7, l'acide carbonique par la peau et les poumons 538gr,2, l'eau par la peau et les poumons 354gr,8, l'hydrogène carboné par la peau et les poumons 13 grammes.

Ration pour un Homme. — Il n'y a pas de règle à poser pour l'homme. La quantité d'aliments qu'il lui faut dépend des pertes en principes carbonés et en principes azotés que chaque individu peut éprouver, et par conséquent dépend de sa constitution, de l'exercice qu'il prend et des travaux qu'il fait. En principe, l'homme doit réparer les pertes quotidiennes de son corps, c'est-à-dire en moyenne faire passer dans son sang 675 grammes de principes respiratoires et 150 grammes de principes plastiques. Si le pain était le seul aliment dont il dût se nourrir, il lui faudrait en absorber 2000 grammes par jour ; si au pain il joint la viande et qu'il consomme alors seulement 1165 grammes de pain, lui fournissant les 675 grammes de fécule, dextrine et sucre nécessaires à un homme adulte, et de plus 91 grammes de principes plastiques, il lui faudra manger 300 grammes de viande, dans lesquels il trouvera les 59 grammes de matières azotées qui lui manquent.

Ration pour un Cheval. — La pratique agricole a reconnu de tout temps que le foin des prairies naturelles peut suffire seul, en sec ou en vert, à l'alimentation des bœufs et des chevaux. Le foin de pré contient 44,4 p. 100 de principes féculents et sucrés, et 7,2 p. 100 de principes albuminoïdes. Un cheval de moyenne taille, du poids de 500 kilo-

Fig. 194. — Pileur d'Ajoncs.

grammes, exige pour son entretien, quand il ne travaille pas, 9 kilogrammes de foin normal ou

Fig. 195. — Hache-paille à Bascule et à deux Couteaux.

l'équivalent en d'autres aliments; s'il travaille, de 1 kilogramme en plus par heure de travail; si le travail est dur, on force la ration; on la diminue si le travail est facile.

Rations pour un Bœuf et une Vache. — Un bœuf du poids de 500 kilogrammes, non à l'engrais et ne travaillant pas, exige pour son entretien 8 kilogram-

Fig. 196. — Coupe-racines à Disque (de M. Bodin à Rennes).

mes de foin ; il en est de même pour une vache. Si le bœuf travaille, il recevra en outre 700 grammes par heure. Si la vache est laitière, on doublera la ration d'entretien, soit 16 kilogrammes pour une vache de 500 kilogrammes, 17 kilogrammes pour une vache de 600 kilogrammes, 14kg,24 pour une vache de 400 kilogrammes, etc. Si les bœufs sont à l'en-

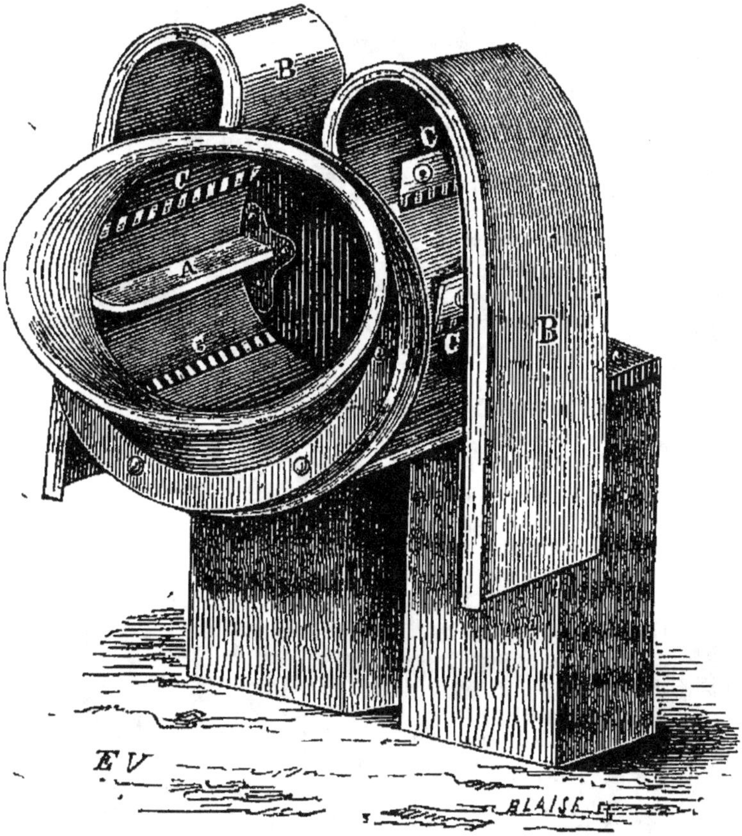

Fig. 197. — Coupe-racines système Champennois

grais, il faut choisir, pour former le *supplément de ration*, les aliments les plus riches en principes plastiques et en matières grasses; augmenter chaque jour la ration supplémentaire et ne leur permettre que le moins de mouvement possible.

Les veaux tettent pendant les cinq ou six pre-

Fig. 198. — Arrosage des Fourrages avec de l'Eau mélassée.

mières semaines, quand on veut les conserver; mais au bout de quinze jours on ajoute au lait de la mère de la farine, du son ou des tourteaux délayés dans de l'eau. A trois semaines, le veau commence à manger du foin : on ne le rationne pas pendant les premiers mois. Vers la fin de la première année, il mange 4 kilogrammes de foin par jour ou l'équiva-

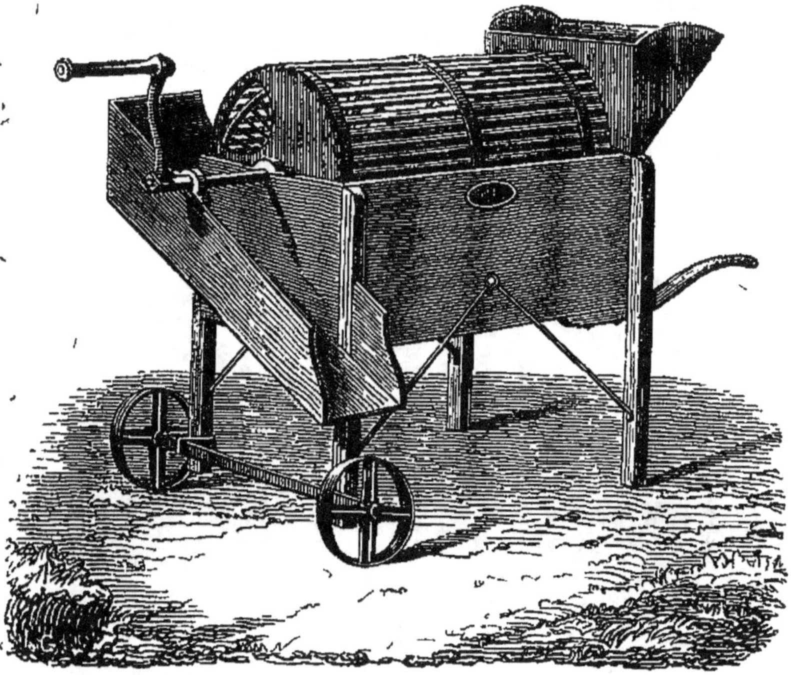

Fig. 199. — Laveur de Racines (de M Bodin à Rennes).

lent. La ration doit aller en augmentant à mesure que les animaux grandissent. Les génisses destinées à devenir des vaches laitières doivent être habituées de bonne heure à recevoir des aliments volumineux.

Préparation des Aliments. — Le cheval dépense

souvent une force musculaire considérable en broyant l'avoine dure et le foin sec qui lui sont donnés, et il perd ainsi une partie de la force qu'il

Fig. 200 — Appareil pour cuire les Racines.

serait capable de donner. Il n'y a pas de doute qu'on réalise une économie en broyant l'avoine et en hachant le foin et la paille; on opère quelquefois à main (fig. 194), mais il est plus économique d'employer les hache-paille (fig. 195) ou les coupe-racines (fig. 196 et 197). Si, comme on l'a dit, l'avoine broyée a une action laxative, l'addition d'une petite proportion de fèves ou de mélasse (fig. 198) doit neutraliser ce désavantage. Il ne faut pas oublier qu'il faut donner les racines parfaitement débarrassées de la terre et de toute matière étrangère, et c'est dans ce but que sont construits les laveurs (fig. 199).

Nourriture cuite. — Il est certainement désirable de couper en tranches minces ou d'écraser les navets ou autres racines, mais il ne semble pas nécessaire de cuire des nourritures aussi tendres et aussi faciles à mâcher, bien que certains éleveurs le fassent. Les gâteaux de navette doivent toujours être bouillis et mélangés avec quelque aliment agréable au goût, comme la fève de caroubier. La paille et autres aliments contenant une grande proportion de fibres ligneuses deviennent plus assimilables par la cuisson, et les nourritures de qualité inférieure devraient toujours être cuites quand la chose est possible. La figure 200 représente un appareil souvent employé dans ce but.

Importance d'une Alimentation variée. — L'expérience a prouvé non-seulement l'avantage, mais la nécessité d'une alimentation mélangée, pour maintenir les animaux en bonne santé. De là ce fait que la valeur de beaucoup de productions végétales, considérées comme *seule* nourriture d'un animal, ne peut pas être déterminée avec certitude par la proportion qu'elle peut contenir de *chacun* de ses éléments : *tous* sont nécessaires pour permettre aux jeunes animaux de croître et pour réparer les pertes naturelles de ceux qui ont acquis leur entier développement.

C'est la cause des déceptions qu'on a éprouvées quand on a voulu nourrir des animaux avec de l'amidon seul ou du sucre seul. Ces substances fournissent la quantité de carbone nécessaire aux exhalaisons pulmonaire et cutanée ; mais les pertes en azote, en matières salines, en phosphates terreux et probablement aussi en graisse n'étaient plus réparées. Ces animaux dépérissaient, maigrissaient et mouraient plus ou moins vite.

La gélatine elle-même ne suffit pas comme aliment exclusif. Sans doute elle fournit en quantité suffisante le carbone et même l'azote, mais elle manque de principes salins indispensables.

Même le mélange naturel d'amidon et de gluten qui existe dans le pain blanc est impuissant à nourrir des chiens plus de cinquante jours, tandis que du pain bis, renfermant avec le son une dose plus considérable de matières terreuses, fournissait plus longtemps aux besoins de la vie.

On a reconnu qu'une alimentation qui seule ne détermine pas le développement de la graisse, acquiert à un haut degré cette propriété si on la mêle avec quelque substance grasse, et que de même celles qui étaient les plus riches en éléments capables de déterminer la production du muscle devaient une partie de leur énergie au mélange d'une certaine quantité de matières grasses.

Valeur comparée des différentes Espèces de Nourriture. — Il semble résulter de la théorie en même temps que de la pratique que les différentes sortes d'aliments ne sont pas également nourrissantes. Ce fait important ressort des expériences de beaucoup d'agronomes. Si l'on prend le foin commun comme terme de comparaison, on trouve que 10 kilogrammes de cette substance correspondent aux poids suivants des aliments dont voici la liste :

Foin	10
Luzerne	8 à 10
Luzerne verte	45 à 50
Paille de froment	40 à 50
Paille d'orge	20 à 40
Paille d'avoine	20 à 40
Tiges de fèves	10 à 15

Pommes de terre	20
Vieilles pommes de terre . .	40 (2)
Carottes rouges	25 à 30
Carottes blanches	45
Navets	50
Choux	20 à 30
Pois et fèves	3 à 5
Froment.	5 à 6
Orge	5 à 6
Avoine	4 à 7
Maïs	5
Gâteau de graines oléagineuses.	2 à 4

FIN.

TABLE

DES MATIÈRES ET DES FIGURES

FIN DE LA TABLE ALPHABÉTIQUE.

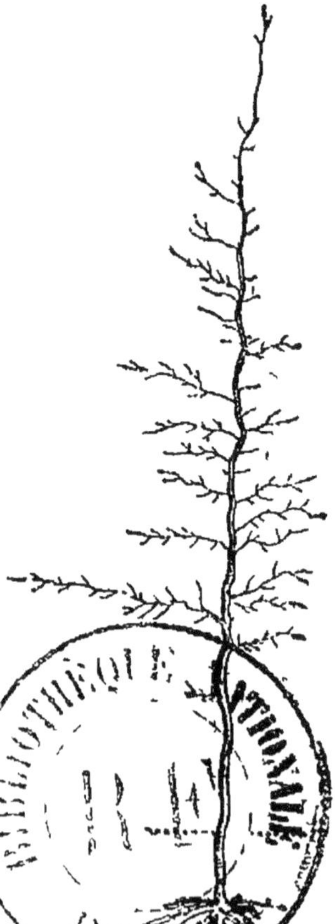

Strasbourg, typ. G. Fischbach. — 2663.

BEAUX-ARTS — ARCHÉOLOGIE

La Colonne Trajane. — 220 planches in-folio en couleur, en phototypographie d'après le surmoulage exécuté à Rome en 1861 et 1862. Texte orné de nombreuses vignettes, par W. FRŒHNER (*Conservateur du Louvre*). . . . . 600 fr.

Les Musées de France. — Monuments antiques reproduits en chromolithographie, gravure sur bois, phototypographie. Texte par W. FRŒHNER (*Conservateur du Louvre*). — Un volume in-folio, avec 40 planches . . . . 100 fr.

Numismatique de la Terre-Sainte, par F. DE SAULCY (*Membre de l'Institut*). In-4°, avec 25 pl., 60 fr.; sur pap. de Hollande. 90 fr.

La Dentelle à l'aiguille, aux fuseaux. 50 planches donnant les plus beaux types de dentelles avec texte orné de vignettes, par J. SÉGUIN. — In-folio, 100 fr.; sur papier de Hollande. . . . 160 fr.

AGRICULTURE

Les Plantes fourragères. — Atlas in-folio, avec 60 planches accompagnées d'une légende, par V.-J. ZACCONE (*Sous-intendant militaire*). — Avec fig. noires, 25 fr ; avec fig. coloriées . . . 40 fr.

Prairies et Plantes fourragères, par ED. VIANNE (*Directeur du* Journal d'Agriculture progressive). — In-8° avec 170 gr. . 8 fr.

Le Brome de Schrader, Par A. LAVALLÉE. 4e édition. In-18 avec 2 planches sur acier . . . . 1 fr. 50

Dictionnaire vétérinaire, par L. FÉLIZET (*Vétérinaire*). Introduction de J.-A. BARRAL. — In-18, relié. . . . . 2 fr. 50

La Pustule maligne. — Charbon, sang de rate, par CH. BABAULT (*Docteur médecin*). — In-18, relié. . . . . 2 fr.

Législation protectrice des Animaux, par B. de BEAUPRÉ (*Docteur en droit*). 3e édition. — In-18, relié . . . . 0 fr. 75

Les Oiseaux utiles et nuisibles aux champs, jardins, vignes, forêts, etc., par H. DE LA BLANCHÈRE. 3e édition. In-18, relié, avec 150 gravures . . . . 3 fr. 50

La Culture économique par l'emploi des instruments et machines, par ED. VIANNE. — In-18 avec 204 figures, relié. . . . . 2 fr. 50

Enquête sur les Engrais. par MM. DUMAS (*Membre de l'Institut*) et DE MOLON. — In-18, relié . . . . 2 fr.

www.ingramcontent.com/pod-product-compliance
Lightning Source LLC
LaVergne TN
LVHW050251060726
842525LV00002B/285
9782019296384